U0107241

懂点 茶器

耕而陶 ——

著

九 州 出 版 社
JIUZHOUPRESS

↓ 明　仇英　《东林图卷》　台北故宫博物院藏

序

正如我在《懂点茶道》中对茶的论述："开门七件事，柴米油盐酱醋茶。茶排在末位，这个排序反映了先人的生活智慧。与前面几位相比，茶不是生命延续的必需品，茶是在吃饱喝足，满足了'活着'这个前提后才需要的。看，万事都是有它的底层逻辑做支撑，茶也不例外。"茶器一理，它同样是在我们解决了温饱问题之后才开始考虑的更加高层的诸多事物之一，即并不必须，但有必要。

茶树鲜叶被采摘下来做成了成品干茶，它就静静地躺着，一动不动，期待着跟水重逢。水把茶唤醒了，让它重生。茶呢，又反哺于水，让水盈润甘美。"沏茶用水"实际上玩儿的就是"茶水之欢"，谁能让它们彼此欢愉，谁沏的茶就好喝。而活色生香的"茶水之欢"离不开茶器之承载，这就是生活中我们常常听到的"水为茶之母，器为茶之父"一语的由来。

1

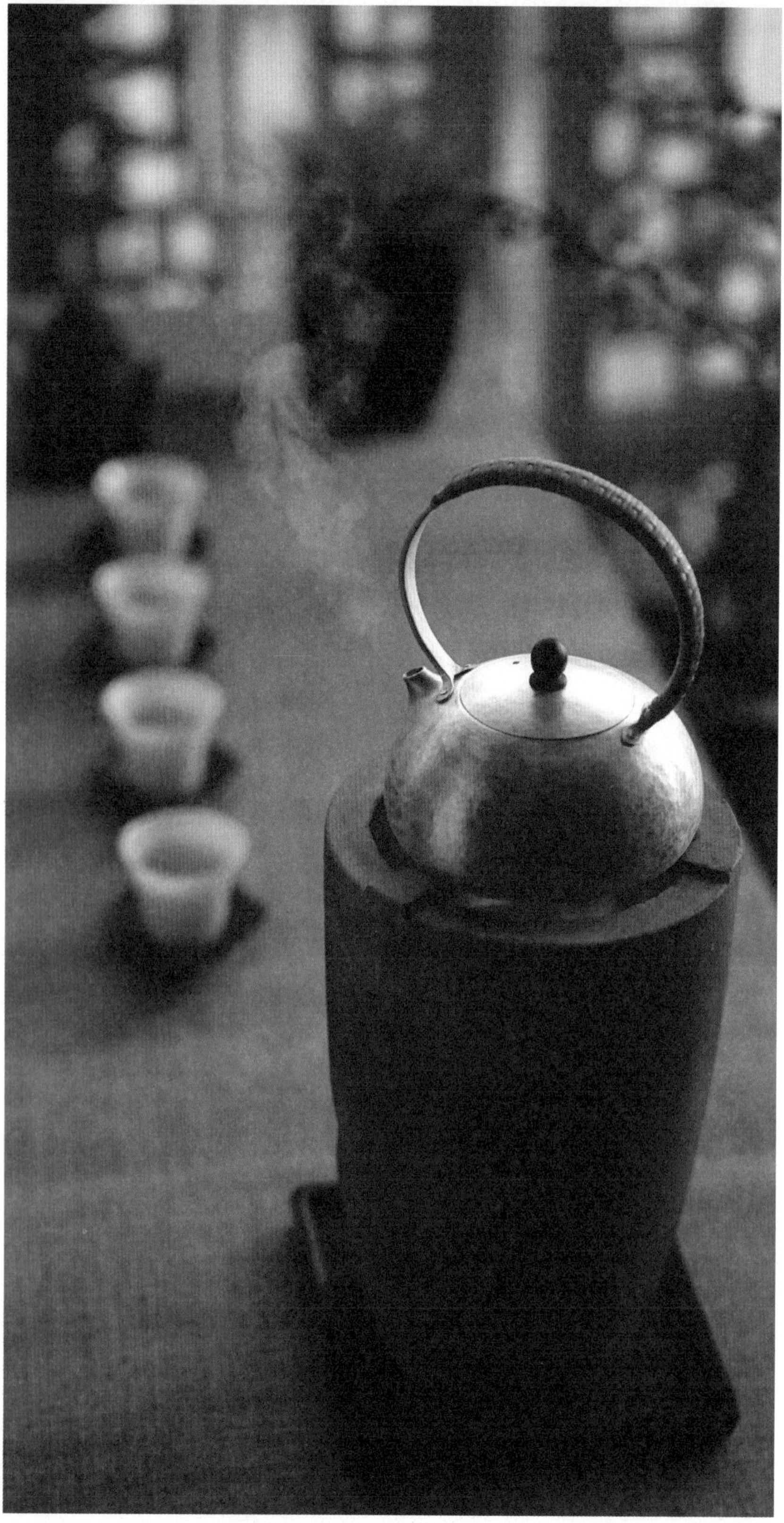

←耕而陶茶斋内煮茶品饮

中国的传统文化史是由多种文化专门史构成的。其中一个分支就是让人引以为豪的饮食文化史。我们喝茶所用的茶器，即是自原始社会经由贮存器、食器、酒器结合我们日常生活之需求并伴随六大茶类的产生及品饮方式的改变逐步融合演化而来。自原始陶器起发展出瓷器、金属器、竹器、木器、玻璃器……向我们一路走来。历史上被尊为茶圣的唐代人陆羽在其著作《茶经》中首次将茶器与茶具做了清晰的分野。器以载道，道传籍器，自此生理的需要开始向着文化的需要转变，茶器也逐步变得多姿多彩起来。其物虽微，这一路上它体现出的却是人类科技的进步，承载的是对传统之"美"的延续。《存在与华夏文明》一书对"美"做了如下定义：人对自己的需求被满足时所产生的愉悦反应的反应，即对美感的反应。于茶事来讲，一个没有亲身使用、把玩过精美茶器的人，很难拥有对茶器美的赏悦能力。使用、把玩一个悦心适手的茶器而令人浸在美之愉悦中的过程是人类向往的高等级生活需求之一。赏心悦目又适手的美器如一位附着了人间烟火的朋友，能在生活中与你相伴相随，彼此欣赏，产生感情，直至难以割舍。

什么样的茶杯宜香，什么样的茶杯适手？什么样的茶杯宜在夏季使用，什么样的茶杯又适合冬季？有能改变水质的茶器吗？高温烧造的原矿紫砂壶为什么可以一壶通杀六大茶类？一个适手且美的茶器，仅仅是适手且美吗，有无其他的含义？

↑ 茶斋一角

　　"陈书满室，狼藉纸砚……肆究而博参，掇幽而搜佚，虽至夜分灯烛，不少辍。"[1]读万卷书，还需走万里路，多年来，笔者游学累计十余万公里，遍及国内各大茶山、博物馆、茶器专题展览，知行合一地求索积累。本书意在梳理出不同时代、不同制茶工艺、不同茶类、不同品饮方式的共同影响下茶器演变的不同型态。简洁易懂的文字配合精美的图片，力求为读者呈现一个体系完整、脉络清晰、考证翔实的茶器演变简史。书中难免纰漏，亦望方家指正。该书付梓特别感谢数年前我在安化茶山所识之满腹经纶的前辈，前辈的点拨令我

---

① 《名山县志》，赵懿著，清代刻本。

在一些历史节点上豁然开朗。当然，还少不了那个依旧为我写作间隙带来欢声笑语、调皮无邪又长高了个子的我的小外甥女兜兜。好消息是这小家伙开始喜欢茶了，坏消息是由此我的不少美器被强行占有。还是要说，有你们真好。

快节奏的现代生活里，我们定要学会给自己的个人生活留有空间与时间，划出一隅属于自己的港湾。在那儿，品一杯香茗，赏一只雅器，通过对美的欣赏与品味让身心得以愉悦，性灵得以滋养。接下来，就请朋友们随着书中文字，经由上下五千年来不断演变的缤纷器物，同我一起去感受生活的美与多姿吧。

懂点茶懂器

目

录

人由火，
原始人用火，陶器是由器生

当时的茶器以
自然物或陶质为主，
与饮食器存在
一器多用的现象。

《礼记·礼运》说："夫礼之初，始诸饮食，其燔黍捭豚，污尊而抔饮，蒉桴而土鼓，犹若可以致其敬于鬼神。"汉宣帝时桓宽在《盐铁论·散不足》里也记道："古者污尊抔饮，盖无爵觞樽俎。及其后，庶人器用竹柳陶匏而已。"看得出，古时候人们是没有喝水与饮酒的杯子和盛放食物的器皿的。挖个小坑当水池，用手捧着水喝，到了后来，才逐渐开始用自然界里的竹子、柳条来编织盛放物品的器具，用葫芦当水瓢舀水，用泥土制作陶器以便食用、贮存物品。竹子、柳条、葫芦都是大自然中唾手可得的现成物件，那么用泥土制作陶器是从什么时候开始的呢？

上古时代，有一位中华民族的共同人文始祖——女娲。为了让天地之间充满生气，女娲从水池边掘起一团黄泥，掺和了水，在手里揉出几个小东西。她把这些小东西放到地上吹口气，它们竟活了起来，开口就喊："妈妈，妈妈！"女娲满心欢喜，为他们取了一个共同的名字，叫作"人"。女娲抟土造人，创建了人类社会，后来她又炼五色石补天，救生民于水火。《淮南子·览冥训》载："往古之时，四极①废，九州裂，天下兼②覆，地不周③载。火爁炎④而不灭，水浩洋⑤而不息。猛兽食颛民⑥，鸷鸟攫⑦老弱。于是女娲炼五色石以补苍天……苍天补，四极正；淫水涸，冀州平；狡虫⑧死，颛民生。"虽然是神话传说，但是这些文字明确

---

① 四极：四方擎天的柱子。
② 兼：尽。
③ 周：遍。
④ 爁炎：大火延烧的样子。
⑤ 浩洋：浩瀚无涯。
⑥ 颛民：善良的人民。
⑦ 攫：抓取。
⑧ 狡虫：指毒虫猛兽。

↑ 原始人的生活场景　中国国家博物馆

地反映出在远古时代水和黏土结合后的可塑性及人类对火的使用。

　　人类最早是从自然界中发现火的。火山爆发或雷电击中干枯的树木、草原的荒草会产生自然的火焰。天火点燃了森林草原，动物们惊慌逃窜，植物为烈焰所灼焦。火不断蔓延，烧死了动物，烤爆了植物。一个原始人看到一条散发着诱人香味的烤羊腿，咬了一口，发现味道不错。另一个原始人捡到了被烧爆的玉米花，放进嘴里一嚼，味道太好。火能取暖，动植物被它烧、烤熟了更好吃，火还能吓唬凶猛的野兽，适者生存的本能让原始人喜欢上了火并逐渐摸索、利用。

　　远古人类已广泛使用火来改善他们的生活条件。人工取火的发明让原始人掌握了一种强大的自然力，促进了人类社会的发展。

陶的出现为人们普遍接受的观点是，原始人在洞穴里生火取暖，偶然发现经过火的烧烤，周边湿润的土地竟然变得坚硬起来，而且这种现象在同一环境下反复发生。原始人渐渐意识到，掺过水的泥土是可以被烧硬的，并且形状也可以被改变。于是，有意识的团土成器、经火烧结的陶器出现了。

马克思说，当人类有了"自我意识"之后，"懂得处处都把内在的尺度运用于对象"。合理推测，最早的原始人对烧硬了的变了形的陶土感到好奇并用它们盛放了一些物品，发现这个东西很好用，于是他们就对泥土的形状、硬度、重量、薄厚进行了比较。虽然在那个时候这是一个很粗略的观察判断，但是马克思说的"自我意识"已经产生了。自我意识产生后，原始人为了能更好地盛放物品，开始仿制大自然中有空间可以盛放物品的物体，比如果壳啊，葫芦啊，贝壳啊……即《礼记》所述"器用陶匏，以象天地之性"。渐渐的人类在头脑中开始有目的地规划泥土形状，创造出更符合生产生活需求的各色器物，真正的原始陶器出现了。距今一万年左右的新石器时代普遍出现了制陶的现象。制陶是人类社会行进当中特定历史阶段的产物，陶的出现是人类发展史上的一个伟大创举，从那时候起我们跨入了使用人造材料的新的历史进程。远古的制陶，更是给我们留下了"陶冶""陶铸""陶育""陶化天地"这些表现丰富浩大的精神世界的词语。

《礼记·礼运》记载："昔者先王未有宫室，冬则尽营窟，夏则居橧巢。未有火化，食草木之实，鸟兽之肉，饮其血，茹其毛。……后圣有作，然后修火之利，范金，合土……"，意思是说，从前的人没有宫殿房屋，冬天住在洞穴里，夏天住在柴薪搭建的巢室里。那时的人不会用火加工食物，生吃草木的果实跟鸟兽的肉，喝鸟兽的血，连毛带肉一起生

← 约公元前 5000—前 3000 年　交错三角纹陶壶　中国国家博物馆藏

← 约公元前 3500—前 2000 年　网纹陶釜　中国国家博物馆藏

↑ 约公元前 2500—前 2000 年　黑陶罐　中国国家博物馆藏

咽……后来出现了圣人，才学会了用火，给生活带来了便利。接着人们学会了用模型铸造金属器物，用泥土烧制陶器。传说姜姓部落的首领由于懂得用火而得到王位，所以被尊称为炎帝。炎帝号神农氏，他还有个兄弟叫黄帝。《国语·晋语》载："昔少典娶于有蟜氏，生黄帝、炎帝。黄帝以姬水成，炎帝以姜水成。成而异德，故黄帝为姬，炎帝为姜。"后来，两个部落为了争夺领地在阪泉决战，黄帝打败了炎帝，其后炎黄二部渐渐融合，遂组成了华夏族。

民以食为天，中国的先民最早生活在渔猎、采集为主的社会里，为了填饱肚子，生存的本能驱使他们对大自然中的植物观察、选择、采集、食用，秋收冬藏是必然遵循的生存法则。神农氏尝百草就很好地说明了这一点。"神农尝百草，一日而遇七十二毒，得茶以解之"，陆羽在《茶经》里说："茶之为饮，发乎神农氏，闻于鲁周公。"上古传说里，神农氏在给部族寻找食物时曾经尝百草日遇七十二毒，得茶而解，这个事件反映的就是采集文化。神农氏中毒，通过吃茶把毒化解了。这就是茶中的独特物质咖啡碱的镇痛去热与茶多酚沉淀有毒金属盐类的共同作用使然。神农尝百草得茶而解，体现了早期茶的药、食同源现象。现代社会我们在个别地方还可以见到这种遗风，比方说云南基诺族至今还保留着用凉拌茶叶做菜食的古老习俗。

源远流长的饮食文化中，烹饪是至关重要的一个词语。《辞源》对烹饪的释义是煮熟食物："以木巽火，烹饪也。"它的含义是随着饮食文化的发展而不断变化着的。在最早期对应的是原始人用火烧烤动植物食用，陶器的产生，为水煮食物提供了物质条件，这时候的烹饪就具有了烧、煮两层含义了。及至铁锅和油类的使用又赋予了其炸、炒的可能。烹饪器的产生和发展为日后唐代茶叶蒸青、炒青的制茶工艺提供了基础物质准备。

↓ 约公元前 5000—前 3000 年　陶釜、陶灶
中国国家博物馆藏

↓ 约公元前 2500—前 2000 年　黑陶鼎　中
国国家博物馆藏

↓ 以天然葫芦为基础的
器型演变示意图

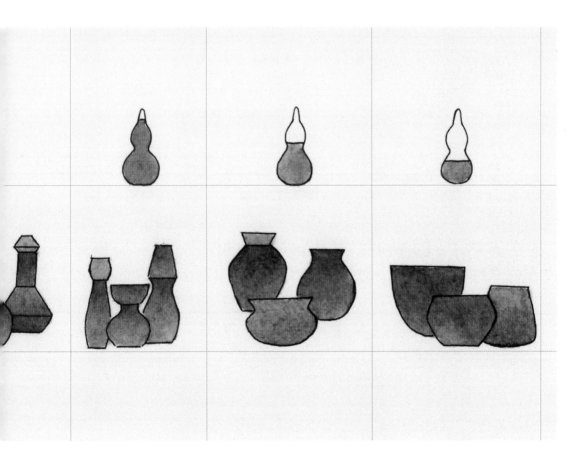

鼎，古人用以烹煮和盛贮食物。釜灶是由釜跟灶两种器具组合而成的，上部为圆底釜，下部为方口灶。中国新石器时代的烹饪方式呈多样化特征，蒸、煮、烤、烙等手段已经产生和发展。釜灶与鼎、鬲、甗、甑都是常用炊具，它兼具灶器与烧灶的功能于一体，分合自由，使用十分方便。

《太平御览》引《周书》佚文说："神农耕而陶。"合理推测，那时候吃或饮茶用的器具就是自然界的瓜瓢或相对粗放的陶器。如果神农氏解毒吃的不是鲜叶，而是喝的茶水，那么取水、装水、煮茶、饮用的器具即可视为原始的茶器，由此诞生了茶跟器具最初的结合。当时的茶器以自然物或陶质为主，与饮食器存在一器多用的现象。茶器从一器多用逐渐发展到了一器专用，慢慢诞生了瓷制、金属制、竹制、漆制、玻璃制等诸多材质的茶器，在其自身整个历史演化当中，茶器渐渐变为了中华民族的传统文化符号之一。

考古资料证实，最早的陶器普遍存在敞口或侈口，腹部鼓，底部曲面或球面这些主要特征，这是先民对身边的果壳、贝壳及我国特有的古老植物——葫芦"假天物而用"自然选择的结果。最早的陶器以球形或半球形为主，随着时间的延续，当人们熟练掌握了某一个成功的造型后，就会有更进一步展现自己能力的愿望，于是他们把自己心里的愿望与追求结合生活实践中出于功能的需要，集中反映在其后的陶器造型艺术中，进而形成了特定的审美。通过横向、纵向、收敛、伸缩，在陶器原始造型的基础上演变出了不同的形态，并逐渐增加了足、耳、柄、把、系、流等巧妙的结构，烧造出了罐、壶、盂、瓶、鼎、釜、鬲、鬶、盉、钵、盘、豆、杯等一系列食器与酒器。

大家看这只国家博物馆的红陶盉（P013），再比较一下它旁边唐、宋

← 约公元前 2100—前 1450 年　红陶盉
故宫博物院藏

↑唐代　巩县窑黄地绿彩跳刀席纹执壶
故宫博物院藏

← 南宋　青白釉八棱执壶
中国国家博物馆藏

代的执壶，是不是颇有渊源？

早期的陶器基本上是灰、红、黑、白四种颜色的素陶，有三足、圈足、高足的器型，装饰上还出现了刻缕的技法。其中白陶的化学成分跟瓷土或高岭土很接近，且三氧化二铁含量低于其他陶土，所以它烧成后呈白色。考古研究显示，人类的祖先至少在龙山文化跟夏商时已经开始使用瓷土和高岭土来作为制造陶器的原料了。当然那时候的人们还没有瓷土与高岭土的概念，只是知道这种土做出来的器具发白，那种土做出来的器具发红。中国是世界上最早使用瓷土和高岭土的国家，白陶的产生与对其逐步的经验认知为后世白瓷的出现做了早期积累。

其后，氏族成员又在素陶上绘画、涂色进而出现了彩陶。这些彩色纹饰跟当时人们的生活环境、信仰崇拜紧密相连，是人类众多情感思维表述方式汇聚在一起的产物。这些行为已经超出了人类对器物实用价值的需求，其根源于人类感性自由对美的追求。如果去国家博物馆参观，站在古陶瓷展品前，对望着那些与我们相隔了几千年光阴的陶器，也许让人惊讶的是你根本不觉得它有多么遥远，自端详的一刻起，原始人的情感心灵竟呈现在了你的面前，它，是活的。

原始陶器的结构造型，彩陶上的色彩、纹饰、描绘手法与由此导致的审美追求，在其后漫漫历史长河中深深扎根到了文字、绘画、青铜器、金银器、瓷器等诸多生活、艺术领域，亦为后人所传承、创新、发展。这无疑也是茶器美学的先声。

← 约公元前 3300—前 2200 年
白陶鬶 故宫博物院藏

← 约公元前 2500—前 2000 年 薄胎
黑釉高柄杯 中国国家博物馆藏

← 约公元前 5000 年—公元前 3000 年
鹳鱼石斧纹罐　中国国家博物馆藏

↓ 约公元前 5000 年—公元前 3000 年
人面鱼纹彩陶盆　中国国家博物馆藏

草木灰出灰
釉出
，
原始瓷
器现

在烧陶的过程当中，
燃烧材料树木枝干跟
干草产生的灰落在了
陶胚子的表面，
这就是自然落灰现象。

《墨子》载："昔者夏后开①使蜚廉折金②于山川，而陶铸之于昆吾……鼎成三足而方……以祭于昆仑之虚。③"在夏代，夏后启让蜚廉到山里去开采铜矿，在昆仑陶铸，鼎铸成后用它来祭祀神仙。古文字学家、训诂学家于省吾先生在《双剑誃诸子新证·墨子三》中释："陶谓作范，铸谓镕金。凡古代彝器，未有不用范者，近世所发现之商陶范，固所习见。"

陶铸的成功使用直接导致了青铜器在其后千余年的长足发展，在夏代，进入了我们常说的"中国青铜时代"，标志着人类的文明又进入了一个全新的时代。这个时代包括了夏、商、西周、东周在内的历史时期，期间人们开始大量使用青铜制造兵器、礼器、炊器、食器、酒器、饮器、乐器……相比陶器，青铜器坚硬、耐用且不吸水，这种新型金属材料铸造工艺的兴起使得陶器的使用不断减少。青铜器的进步与更新，对其时制陶工业的不断完善亦有反哺作用。

甗，上甑下鬲的联体器，上部用以盛物，下部用以盛水，中间有箅可以通蒸汽。三联青铜甗是一灶数眼的炊具，可同时加工数种食物。

爵，斟酒器，有点公道杯的影子了。

觚，饮酒器。茶杯的先祖。

盉，盛酒器、盛水器。柄、足、流、盖俱全，执壶、紫砂壶的远祖。

据考古测定，早期陶器的烧结温度都在 1000°C 以下，所以有那么句话叫作"千度成陶"。随着陶窑结构的进步、烧造技术的发展，窑内的烧成温度逐步达到了 1200°C，大约在公元前 16 世纪的商代中期我国劳动

---

① 夏后开：即夏启，汉代人避景帝（刘启）讳而改。

② 折金：采金，指开发金属矿藏。

③ 虚：同"墟"。

↑ 商代早期　陶镞范　中国国家博物馆藏

↑ 商代　炊器　"妇好"三联青铜甗　中国国家博物馆藏

←二里头文化　青铜爵
中国国家博物馆藏

↓ 西周中期　青铜盉
中国国家博物馆藏

←商代　青铜觚
中国国家博物馆藏

↑ 周穆王时期　原始瓷豆　中国国家博物馆藏

人民就创造出了原始的瓷器。[①]一般说来，瓷器区别于陶器的特征有四：其一，瓷原料中三氧化二铝的含量高，三氧化二铁的含量低，所以瓷器的烧造耐得住高温，且胎质呈白色；其二，瓷器烧成温度至少在 1200° C 以上，这样的高温下，瓷体结构致密，不吸水分，不吸收气味，敲击其身有清脆的金石之音；其三，瓷器表面有釉，胎釉结合紧密；其四，瓷器胎骨有透光性，陶器无透光性。反观陶器，我们知道它的烧成温度在 1000° C，它的胎质粗疏，无釉，吸水率高、易吸收气味，敲击其身发出哑然沉闷之声。

　　豆，羹食器，盛放腌菜、肉酱等物的器皿。豆是后世盏的雏形。

　　釉的发明与使用是由陶器发展至原始瓷器的必备条件之一。那么，

---

① 　《中国陶瓷史》，中国硅盐学会编，文物出版社。

釉的发明与使用是怎样的一个情况呢？釉的出现是在商代。那时候没有天然气和电，不像现在可以用气、电来烧窑，彼时陶器是用树枝或干草来燃火烧造的。在烧陶的过程当中，燃烧材料树木枝干跟干草产生的灰落在了陶胚子的表面，这就是自然落灰现象。然后经长时间烧造，融成了自然的草木灰釉而烧成了釉陶。研究表明这时候的釉多是石灰釉，三氧化二铁的含量在 2% 左右，氧化钙的含量在 16% 左右。器皿在氧化气氛中烧成，所以在商周时代原始瓷器的釉色基本上呈黄绿色或青灰色。这种原始青瓷此时还处于瓷器中比较低级的阶段，在烧成温度和某些工艺上比不上后世的成熟瓷器。它是由陶器向瓷器过渡阶段的产物，但不可小觑的是，它同时代表了中国陶瓷史上重大的技术进步。可以想象，当时的人们看到这种覆盖过釉后，表面光滑、颜色漂亮且不吸水的器皿，一定是兴奋万分。于是他们仔细观察了其后的烧造过程，逐步掌握了釉的使用技术，之后开始主

↓ 约公元前 475—元前 221 年　原始瓷青釉戳印 "S" 纹提梁盉
故宫博物院藏

↑ 周武王时期 "利"青铜簋 中国国家博物馆藏

动地把草木灰涂抹在尚未烧造的陶器表面，于是从陶器到低温釉陶，再到 1200°C 高温下烧出的胎质更加细腻、色泽更加莹润的原始瓷器，制瓷技术在商代匠人那里不断改进。[1]

青铜时代，饮食器具的制作工艺有了长足的发展，那这个时期的茶又是什么情况呢？从文献资料上看，东晋常璩撰写的《华阳国志》里已经有了"武王伐纣，巴人献茶"的说法。武王灭商，建立周朝，是商周历史的分水岭。长期以来，学界对牧野之战这个事件的时间点有很多争议，原因就是没有直接的出土文物作为时间证据。这个痛点直到 1976 年陕西临潼县零口镇"利"簋的出土方得以解决。簋属于饭食器，是盛放黍、稷、

---

① 《中国陶瓷史》，中国硅盐学会编，文物出版社。

稻、粱等饭食的器皿。"利"簋内里著有铭文四列三十二字，"武征商，唯甲子朝，岁鼎，克昏夙有商，辛未，王才阑师，赐右史利金，用作檀公宝尊彝。"武王伐纣，在甲子日的清晨时逢岁星（木星）当空，一日之间结束了灭商战役。胜利之后，一位名字叫"利"的大臣得到了周武王赏赐给他的青铜，于是利就用其铸造了一件铜簋作为纪念。由于这件青铜簋是利所铸造，人们就把它称作"利"簋，后世也称其为"武王征商簋"。三十二字铭文的内容跟《尚书·牧誓》《逸周书·世俘》等古籍记载相吻合，解决了史学界的千古谜团，弥足珍贵。

周武王在公元前1046年联合当时在四川巴地的一些少数民族共同伐纣。《华阳国志》记载："周武王伐纣，实得巴蜀之师，著乎尚书。武王既克殷，以其宗姬于巴，爵之以子……丹漆茶蜜……皆纳贡之。"周武王伐纣胜利后，分封诸侯，将其宗亲册封在巴地。巴地朝觐天子的贡品中就有茶，这也是我国古代贡茶制度的起源。《尔雅》，一说周公作，一说战国末年前成书，至少此书在战国时已经存在。晋代郭璞《尔雅注》说茶："树小如栀子，冬生，叶可作羹饮。"羹，《辞源》释义："用肉类或菜蔬等制成的带汁的食物或汤。"西周以后的《晏子春秋》记载："晏相齐景公时，食脱粟之饭，炙三弋五卵，茗菜而已。"在晏子的饭桌上，茶与蔬菜并列。晚唐皮日休在《茶中杂咏》序里写道："自周以降及于国朝茶事，竟陵子陆季疵言之详矣。然季疵以前称茗饮者，必浑以烹之，与夫瀹蔬而啜者无异也。"皮日休的观点是自周代至陆羽著述《茶经》前，人们对茶的饮食方法是把茶树的鲜叶或干叶"浑以烹之"，如同把蔬菜汤熬好食用。可见，青铜时代的茶还是食用与药用并存着。青铜时代是青铜器与陶器、原始釉陶、原始瓷器并存的时代，它们的型制大体相仿，当时的食器、酒器如盂、盘、壶、觚、杯等就是其时或盛或吃或饮茶的器具。

谁先惟传育，

茶最先赋厥杜

赋最

，

茶史上，正是《荈赋》
第一次系统地描述了
茶叶的生长环境、
秋茶的采摘情况、
煮茶时水跟茶器的选择、
品茗鉴赏的全部过程。

　　从战国、秦到汉魏六朝，茶从药食同用发展到民间普遍的茗饮与食用。湖南长沙马王堆西汉墓，在下葬时间不晚于公元前168年的辛追墓中出土了一箱竹箧包装的黑米状的小颗粒。研究确认，黑米状的小颗粒是茶，墓葬中刻有"一笥"的竹简，意为"一箱茶"。西汉宣帝神爵三年也就是公元前59年，在四川资阳人王褒写的《僮约》中，茶已经变成市场上的商品了。《僮约》中已经出现了"脍鱼炰鳖，烹茶尽具""牵犬贩鹅，武阳买茶"的字样。"武阳买茶"的意思是说王褒让家里的用人赶到邻县的武阳就是现在四川眉山市彭山地区去买茶叶。"烹茶尽具"可以从两个角度来理解，一个角度是说烹茶待客的时候需要洗干净所有的器皿，另一角度是说烹茶的时候要器具齐全。无论哪种解释，都能够说明一个问题，就是那时候的人们已经开始有意识地用器具来专门侍弄茶叶了。西汉司马相如《凡将篇》里记录了十几味中药："乌啄，桔梗，芫华，款冬，贝母，木蘖，蒌，芩草，芍药，桂，漏芦，蜚廉，雚菌，荈诧，白敛，白芷，菖蒲，芒硝，莞椒，茱萸。"其中的荈诧就是茶，这是我国在汉代把茶作为药物的最早的文字记录。与董奉、张仲景并称为"建安三神医"的东汉华佗在《食论》里说："苦茶久食，益意思。"西晋孙楚《出歌》说："姜桂茶荈出巴蜀，椒橘木兰出高山。"明末清初思想家、经学家顾炎武有一本代表作《日知录》，他把这部书比作"采铜于山"，自言"平生之志与业皆在其中。"《日知录》里记道："自秦人取蜀而后，始有茗饮之事。"清代郝懿行在《证俗文》中亦说："茗饮之法，始见于汉末，而已萌芽于前汉。司马相如《凡将篇》有："荈诧，王褒僮约有武阳买茶。"

　　综上可见，中国乃至世界的茶叶文化最初是在巴蜀发展起来的，《辞源》释巴蜀："巴郡和蜀郡的合称。包括今四川省和重庆市全境。"巴蜀地区当时是我国重要的茶叶生产中心。三国两晋南北朝时期，茶叶的生产

← 汉代饮器玉、漆、铜材质耳杯

逐渐从巴蜀地区向全国传播，尤其是向东、南传播日益显著起来。其后长江中游、中原地区逐渐取巴蜀在中国茶文化的地位而代之，这从成书不晚于东汉时期的《桐君录》、西晋时期的《荆州土记》均可得到佐证。《桐君录》记载："西阳、武昌、庐江、晋陵，好茗。"《荆州土记》记载："武陵七县通出茶，最好。"及至唐代陆羽著《茶经》时，茶业产区已经广泛分布到了湖北、湖南、安徽、河南、浙江、江苏、陕西、四川、贵州、云南、江西、福建、广西、广东、广西等众多地区。

从文献记载上看，白茶是六大茶类中最早出现的茶类。文献上最早明确记载茶叶的蒸青制法是在唐代出现的。唐代孟诜《食疗本草》（成书于713—741）写道："又茶主下气，除好睡，消宿食，茶，当日成者良。蒸、捣经宿，用陈故者……"这是目前能看到的最早的有关蒸青绿茶制法的记录。陆羽《茶经·三之造》（780年）也说："晴，采之。蒸之，捣

↓ 西周　祭祀青铜器一套　美国大都会博物馆藏

之，拍之，焙之，穿之，封之，茶之干矣。"所以在唐之前的干茶或饼茶基本都属于白茶，而无蒸青绿茶。另外有一种说法，在秦汉以前的巴蜀地区可能已经出现了原始炒青或蒸青绿茶。只能说，这些工艺可能确实在上述区域出现了，但由于地理闭塞或其他原因未能传而广之。到目前为止，笔者还未看到有关于此的任何确凿的文字记录。

远在周朝，政府就有分管茶叶的官员了。当时的茶叶主要是作为祭祀使用，可见，那时候祭祀用的东西随时要取，随时要用，那么它必定是晾晒干的东西，如果不是干叶，必然不能随时取用。实际那个时候的茶就是不揉不炒，自然晾晒而干，已经似于现在的白茶了。《僮约》中所记"武阳买茶"，指的也是自然晒干的茶叶，不可能是鲜叶。茶叶能集中到市场去卖，一定得晒干才行，否则就会腐烂。武阳卖的茶应该类似白茶。

《广雅》成书于三国魏明帝太和年间（227—232），张揖撰。《广雅》记载："荆巴间采茶作饼，成以米膏出之，若饮先炙令色赤，捣末置瓷器中，以汤浇覆之，用姜葱芼之。"说明那时不单有散茶，还有用米汤掺和着茶叶一起做成的饼茶。喝时要把茶饼炙烤一下，捣成茶末后放入瓷碗中，然后冲入开水，再加上葱、姜等调料一起饮用。为什么要"成以米膏出之"呢？这就说明了那时候的茶，肯定不是蒸青的，它就是晒干的茶。如果是蒸青的茶，经过热气熏蒸，茶叶中必然流出茶汁，果胶之类的黏性东西也会部分分离出来，这样就可以把茶搞成团状或者饼状了。而这里说"成以米膏出之"，通俗地讲，是当时的人们把米膏当成了糨糊，把这些晒干的茶叶粘在了一起，所以这些茶必然是晒干的白茶。

"捣末置瓷器中，以汤浇覆之，用姜葱芼之"的吃茶风俗至今在个别地区仍然保留着，比如云贵那边少数民族的油茶、烤茶、竹筒茶，湖南安化的擂茶。做安化擂茶，要选用当地茶叶，再按一定比例加入花生、芝

↑ 湖南安化洞市老街的擂茶

麻、食盐、生姜等食料放进陶钵里，接着用茶树粗枝做成的圆头木棒加少量水研碎，磨成泥状后倒进茶钵里用开水冲调成汤，再分别舀进大碗，其后将炒熟了的米、绿豆投入碗内食用。

三国两晋南北朝时期，饮茶之事渐渐为豪门所青睐、文人所歌咏，同时带动了饮茶习俗的传播并使其逐渐进入百姓生活。《三国志·吴志·韦曜传》记录了一个孙皓赐茶代酒的故事，"孙皓每飨宴坐席，无不率以七胜为限。虽不尽入口，皆浇灌取尽，曜饮酒不过二升，皓初礼异，密赐茶荈以代酒。"由此可见，"以茶代酒"的饮器共用场景出现在了豪门的宴饮之上。

晋代对茶的记录在文学史上出现了两个首现，其一是张载的诗《登成都白菟楼》中首现赞茶文字，其二为杜育写就的我国最早专门歌吟茶事的诗赋《荈赋》。张载，西晋中书侍郎，以文学著称，有《登成都白菟楼》一诗传世。《晋书》记载："张载字孟阳，安平人也。父收，蜀郡太守。载性闲雅，博学有文章。太康初，至蜀省父。"公元280年，张载去探望在成都做蜀郡太守的父亲，省亲期间，他游走于成都，对那里的市井风貌、风土人情有了深入了解，《登成都白菟楼》就是张载此次成都之行的作品。白菟楼又称"张仪楼"，为秦时张仪所建。诗词描写了白菟楼的雄伟气势跟当时成都商业的繁荣、物品的丰富，特别赞美了四川的香茶，这是中国文学赞茶诗句的首现。诗中写道："重城结曲阿，飞宇起层楼……

↓ 茶园采摘

西瞻岷山岭，嵯峨似荆巫……鼎食随时进，百和妙且殊。披林采秋橘，临江钓春鱼……芳茶冠六清，溢味播九区。"六清即指《周礼》的"六饮"，是供周天子食用的六种饮料，有水、浆、醴、凉、醫、酏。九区即九州，在晋代指当时全国区划分的冀、兖、青、徐、扬、荆、豫、梁、雍九州，后用"九州"泛指全中国。在张载的笔下，茶水的味美冠于周天子的六饮，茶水的芬芳流播九州。这就反映出当时作为饮料的茶已经为人们所日用且向四方传播。

西晋末年，杜育所作《荈赋》是中国最早的专门描述茶的诗赋作品，全文如下：

> 灵山惟岳，奇产所钟，厥生荈草，弥谷被岗。承丰壤之滋润，受甘霖之霄降。月惟初秋，农功少休。结偶同旅，是采是求。水则岷方之注，挹彼清流；器择陶简，出自东隅；酌之以匏，取式公刘。惟兹初成，沫成华浮，焕如积雪，晔若春敷。

茶史上，正是《荈赋》第一次系统地描述了茶叶的生长环境、秋茶的采摘情况、烹茶时水跟茶器的选择、品茗鉴赏的全部过程。其中对于茶器，杜育明确指出舀茶汤的工具是《诗经·大雅·公刘》里的"酌之用匏"，即用大自然里葫芦做成的匏；喝茶的器具是出自越州窑的陶碗。另外需要引起重视的是"沫沉华浮，焕如积雪，晔若春敷"一句，这一描述说明了所用茶末很细，等级很高，其时的饮茶已经在一部分人那里脱离了茗粥、羹饮方式，过渡到了煎茶之法，否则"沫沉华浮，焕如积雪、烨若春敷"的沫饽现象是不会出现的。《荈赋》的重要价值在于其不但总结记录了彼时茶事、茶器，而且为唐代陆羽在其后著述中国乃至世界第一部

茶学专著《茶经》奠定了基础。宋代苏轼在《寄周安孺茶》诗中曾写道："赋咏谁最先，厥传惟杜育。唐人未知好，论著始于陆。"《荈赋》为中国茶文化发展史绘下了浓重的一笔。

此际还有一首西晋文学家左思所作的《娇女诗》，作者精心描绘了自己的两个小女儿在日常生活中天真稚气、活泼可爱的性格。其中有一幕吹鼎煮茶的生活场景——"心为茶荈据，吹嘘对鼎䥶"，刻画了两个小姑娘心里为煎汤不熟而着急，因此对着烧水的器具不停地吹气催火之生动场景。可见，饮茶习俗已经渗透到人们的日常生活中了。

与左思同时代的西晋惠帝，有一段饮茶之事被陆羽记入了《茶经》："晋四王起事，惠帝蒙尘。还洛阳，黄门以瓦盂盛茶上至尊。"唐代虞世南《北堂书钞》也记载了这件事，只是文字略有不同，虞记载："惠帝自荆还洛，有一人持瓦盂盛茶，夜暮上至尊，饮以为佳。"晋代臣子

↑北朝至隋　青釉贴塑人物纹凤首龙柄壶　故宫博物院藏

叛乱，晋惠帝司马衷逃离京城避难。晋惠帝就是在历史上被当作白痴来描述的那位皇帝，面对百姓无粟米充饥，他有句"善良"的名言叫"何不食肉糜？"叛乱过后重返洛阳时，臣下依然对他行帝王礼仪，黄门侍郎用瓦盂盛茶汤献给他喝，以表敬意。从他狼狈回城下属为他献茶的器具变成瓦盂这个细节来看，之前宫廷应该有皇帝专用的饮器，无奈乱世下找不到符合天子礼仪的器皿了，只能用瓦盂来替代。

西晋弘君举《食檄》有："寒温既毕，应下霜华之茗。三爵而终，应下诸蔗、木瓜、元李、杨梅……"主、客寒暄之后，主人应该用鲜美的茶汤来敬客，并且要喝完三爵。这里记述的饮茶器皿是爵，爵本来是古代盛放或者饮酒用的礼器，说明其时酒器与茶器还存在共用现象，或者可以说茶饮与酒这时候已经可以分庭抗礼了。

西晋时，司隶校尉傅咸在教示里说："闻南市有蜀妪作茶粥卖，为廉事打破其器具，后又卖饼于市，而禁茶粥以蜀姥，何哉！"傅咸说："听说南市有个四川老妇人做茶粥在街头卖，巡视的官吏把她盛放茶粥的器具打破了，后来老妇人又到市场上去卖茶饼，为什么要为难这个老妇人禁止她卖茶粥呢！"东晋元帝时也有一个卖茶老妇的故事为《广陵耆老传》所记载："有老姥每旦独提一器茗，往市鬻之，市人竞买，自旦至夕，其器不减。所得钱散路旁孤贫乞人，人或异之。州法曹絷之狱中，至夜，老姥执所鬻茗器，从狱牖中飞出。"一个是市坊实事，一个是民间的神话传说，但通过这两个例子能够看出两晋时期，茶作为一种零售饮品已经在河

↓ 南朝　青瓷托盏　中国国家博物馆藏

南洛阳、江苏江都的市场上存在了，且有专门蓄茶之器。

南北朝时，南朝的风俗是饮茶，北人的风俗是食奶酪。有一些南朝人归服北朝后，为北地带来了饮茶之风，自此茶由南方地区传入北方草原地区，这也为后来游牧民族的饮茶风俗奠定了基础。《洛阳伽蓝记》记载："肃初入国，不食羊肉及酪浆等物，常饭鲫鱼羹，渴饮茗汁。京师士子见肃一饮一斗，号为漏卮。"王肃初到魏国，不吃酪浆跟羊肉等食品，常常用鲫鱼羹下饭，渴了就喝茶，京师的士人说王肃一次能饮一斗茶，所以赠给了他一个"漏卮"的外号。

南朝梁刘孝绰在给晋安王的谢启中说："李孟孙宣教旨，垂赐米、酒、瓜、笋、菹、脯、酢、茗八种……"可见其时宫廷已经有了赐茶的礼

↓ 清代　皇家赐茶用的玉质茶碗　台北故宫博物院藏

仪，且这一习惯一直延续至清代。

此时茶也开始与佛、道二教结缘，茶以悟道，以茶修身。《宋录》里记载，南朝的昙济道人在安徽寿县八公山东山寺设茶招待宋孝武帝的两个儿子刘子尚、刘子鸾。刘子尚品茶后高兴地说："这是甘露呀，怎么能说是茶呢？"信仰佛教的南齐世祖武皇帝萧颐在他的遗诏里说："我灵座上，慎勿以牲为祭，但设饼果、茶饮、干饭、酒脯而已。"

综上文献，说明在这段历史时期与茶有关的器皿包括了炊器鼎，"捣末置瓷器中"的瓷器（合理推测，实际就是大号的瓷罐或陶罐），酒器爵，葫芦做的瓢，陶碗，瓦盂，壶。看得出，此时茶器与炊器、食器、酒器还没有严格的分野，而是处在混用状态，当然更谈不到对茶器的审美了。但值得注意的是，饮茶从"浑以烹之"的原始方式开始朝精细、仪轨方向发展，这也决定了在接下来的历史进程中茶器必然会有新的演变。

我们再来看看本章所述历史时期内，包括茶器在内的生活器皿的材质又有了哪些重要的发展。瓷器是中国古代劳动人民的重要发明之一，在一千八百多年前的东汉中晚期真正的瓷器——青瓷诞生了。考古工作者对浙江上虞县小仙坛东汉窑址的考证发现，那里的窑制品有些是在 1260 多度的高温下烧成的，其三氧化二铁的含量为 1.64%，二氧化钛的含量为 0.97%，胎釉结合紧密，吸水率极低，瓷质光泽，透光性好，看上去如一池清水。这就证明在东汉我国已经能够烧造出基本符合现代标准的瓷器了。从原始瓷发展到东汉青瓷，是陶瓷史上的又一次飞跃，它为后来瓷器品种的进一步发展奠定了基础，也为人类文明史写下了辉煌的一页，由此揭开了瓷器的新篇章。

浙江湖州博物馆现藏有一个东汉青瓷罍，1990 年出土于湖州西郊弁南罗家浜村窑墩头砖室墓。这个罍的腹部有模印套菱纹和菱形填线纹的组合

↑ 东汉　青瓷罍　湖州博物馆藏

↓ 东晋　德清窑黑釉双系盘口鸡首壶　中国国家博物馆藏

纹路，酱褐色胎质，周身施青黄色釉但不及底。该器是早期德清窑成熟瓷器的精品，在当时是一种储物容器，肩部刻划有字符，有学者认为是隶书的"茶"或"荼"字，为早期用于储茶的器具。

之后在浙江的一些东汉窑口又相继发现了黑釉瓷器。黑釉瓷器为东汉首创，其胎骨不及青瓷细腻，氧化铁含量达到了 4%—5%，所以外表呈色深褐或釉黑如漆。黑瓷的出现虽然跟成熟的青瓷无法比肩，但是它反映出我国的瓷器在东汉已经出现了多种面目。

在南方，因为社会安定、经济繁荣，烧瓷技术得到了迅速的发展，青瓷、黑瓷在南方逐渐产生、成熟。三国两晋南北朝的时候是以青瓷为中心，向着白瓷和黑瓷两个方面的釉色纯化发展。白瓷出现的时间相对较晚，1971 年在河南安阳的北齐范粹墓中出土了七件白釉器物。研究显示，这些白瓷含铁量已经下到了 1% 以下，这是目前已知的我国最早的白瓷。白瓷的出现对茶器来讲是一个巨大的利好，瓷壁色白能正确反映出茶汤的颜色。胎体通透素雅，更为后来彩瓷出现作了基础物质准备。唐代瓷业形成的"南青北白"的局面实际在南北朝已经初露端倪。

青铜器发展到三国两晋的时候已经渐渐式微，很多铜器被铁器取代。铜主要用于铸钱以供货币流通。日常生活中，瓷器比铜、铁分量轻，易用，并且也没有渗水现象，所以瓷器逐渐在南北方普及开来。

如果说陶器的烧成、彩陶的绘制孕育出了自然亲和的中国早期文明，那么其后"成造化之功"的东汉青瓷的烧成，黑瓷、白瓷的出现更是让我们进入了新的文明。

↑ 隋 白釉杯 中国国家博物馆藏

↑ 唐 白釉执壶 中国国家博物馆藏

著茶经，
陆羽著茶经，
茶道大兴

陆羽著茶经，茶道大兴

陆羽一生未娶，

把自己的全部身心

都投入到了对茶的研究当中，

整天穿山访茶，乐此不疲。

↑ 隋 镶金边白玉杯 中国国家博物馆藏

　　文化的产生和发展既依赖历史、地理的客观环境，也依赖经济文化所依托的政治结构。隋朝结束了南北朝的分庭对抗，统一了全国，享国三十七年。至唐代，进入了中国封建社会的繁荣时期。范文澜曾说："唐朝国威强盛，经济繁荣，在中国封建时代是空前的，在当时的世界上也是仅有的，在这个基础上，承袭六朝并突破六朝的唐文化博大精深，辉煌灿烂，不仅是中国封建文化的高峰，也是当时世界文化的高峰。"茶事经过数千年的发展累积，于唐代中期真正实现了繁荣兴盛。

　　唐初的田园山水诗人储光羲官至监察御史，其有《吃茗粥作》传世："当昼暑气盛，鸟雀静不飞。念君高梧阴，复解山中衣。数片远云度，曾不蔽炎晖。淹留膳茶粥，共我饭蕨薇。敝庐既不远，日暮徐徐归。"公元

780 年左右，陆羽的《茶经》问世。《吃茗粥作》作于《茶经》之前，可见当时唐人还有以茶入粥的饮食习惯。其后唐代孟诜的《食疗本草》（成书于 713—741 年间）问世，其中写道："又茶主下气，除好睡，消宿食，茶，当日成者良。蒸、捣经宿，用陈故者……"这是目前在文献里能看到的最早有关蒸青绿茶制法的记录。刘禹锡（772—842），唐代中晚期著名诗人，他的诗歌《西山兰若试茶歌》中有"山僧后檐茶数丛……斯须炒成满室香"，这表明属于小众的炒青茶亦于中晚唐出现了，但这只是炒青技法的萌芽，该技法并未在唐宋两代流行。

众所周知，唐代是煎茶道大兴的时代。那么最初的煎茶起源于何时何地？这一点笔者在目前所查阅文献中还未见到明确的记载，能肯定的是我们在之前说过，西晋时煎茶方式已经萌芽了。杜育在《荈赋》里"沫沉华浮，焕如积雪，晔若春敷"一句表明其时的饮茶已经在西蜀一部分人那里脱离了茗粥、羹饮方式，过渡到了用四川岷江水煎茶之法。北宋苏轼、苏辙兄弟二人亦持此观点。苏轼《试院煎茶》有："今时潞公煎茶学西蜀，定州花瓷琢红玉。"苏辙《和子瞻煎茶》："煎茶旧法出西蜀，水声火候犹能谙。"随着时间的流逝，煎茶逐渐在唐代兴起。

佛教于唐代煎茶道的兴起发挥了很大作用。从文献资料上看，第一个明确描写煎茶的是高僧皎然。皎然为谁？皎然（约 720—798）俗姓谢，字清昼，湖州人，唐代著名诗僧，和另外两位诗僧贯休、齐己齐名。他是南朝谢灵运十世孙，其在文学、佛学、茶学等方面造诣颇深，居湖州杼山妙喜寺，为一代宗师。皎然在《顾渚行寄裴方舟》一诗中写道："我有云泉邻渚山，山中茶事颇相关……初看怕出欺玉英，更取煎来胜金液。"皎然另一首诗《对陆迅饮天目山茶、因寄元居士晟》亦对煎茶作了描写，"投铛涌作沫，著椀聚生花，稍与禅经近，聊将睡网赊"，可见其时皎然已经

↑ 绿茶炒制

在煎茶品饮了。用铛煎茶，持续了整个唐代。唐末至五代间著名文学家徐夤《尚书惠蜡面茶》写到了铛："金槽和碾沉香末，冰碗轻涵翠缕烟。分赠恩深知最异，晚铛宜煮北山泉。"

历史上佛教很早就与茶结缘。《艺术传》记载："敦煌人单道开，不畏寒暑，常服小石子。所服药有松、桂、蜜之气，所饮茶苏而已。"后赵武帝（335—349）的时候，单道开于河南昭德寺修行，其时已经用饮茶方法来提神醒脑了。《续名僧传》记载："（南朝）宋释法瑶姓杨氏，河东人……饭所饮茶。"

禅宗是佛教的一支，当时北方的禅宗主张坐禅，唐代开元年间（713—741），泰山的灵岩寺住着一位高僧，人称"降魔师"，他是北禅宗神秀的弟子。降魔师不许修行的弟子吃晚饭，亦不能睡觉，却允许饮茶。于是寺院里的人都煎水煮茶，此风盛极。其后唐代禅宗高僧百丈怀海（约720—814）进行教规改革，设立了百丈清规，倡导"一日不作，一

→ 唐 『北禅院』字样茶碗 长沙铜官窑遗址管理处藏

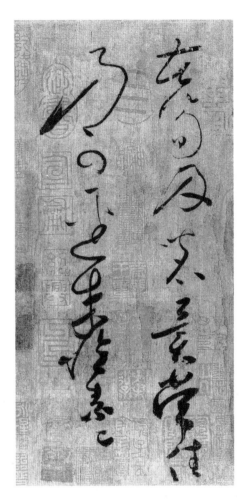

↑ 唐 怀素《苦笋帖》上海博物馆藏

日不食"的"农禅"思想，将僧人植茶、制茶纳入农禅内容，将僧人饮茶纳入寺院茶礼，如此制度令茶饮在寺院进一步普及开来，并逐渐发展出鉴水、选茶、煮茶、饮茶的技艺以及对饮茶环境的讲究。唐代杰出书法家"草圣"怀素（737—799）自幼出家为僧，其草书造诣与张旭齐名，史称"颠张狂素"。怀素写就了《苦笋帖》，该帖后刻入《大观帖》《三希堂续帖》《诒晋斋帖》等汇帖，这是现今可考的最早的有关佛门茶事的手札。"苦笋及茗异常佳，乃可迳来。怀素上。"意思是说苦笋和茶两种物品异常佳美，那就请直接送来吧。怀素通过书法表达了禅茶之缘。唐·杜牧《题禅院》有"今日鬓丝禅榻畔，茶烟轻飏落花风"一语，可见，茶事在佛教中从物质需求一步步上升为精神需求，由此也导致了后来"禅茶一味"之语的诞生。

文人的身体力行亦对煎茶的普及起到了推广作用。李约，字存博，唐元和年间兵部员外郎。"性清洁寡欲，一生不近粉黛，博古探奇……坐间悉雅士，清谈终日，弹琴煮茗，心略不及尘事也……复嗜茶，与陆羽、张又新论水品特详。曾授客煎茶法，曰：'茶须缓火炙，活火煎，当使汤无妄沸。始则鱼目散布，微微有声；中则四畔泉涌，累累然；终则腾波鼓浪，水气全消。此老汤之法，固须活水，香味俱真矣'。"唐代《因话录》亦记："约性又嗜茶。能自煎。谓人曰：'茶须缓火炙，活火煎。活火谓炭火焰火也'。"

跟陆羽同时代有一位名叫常伯熊的人，此人称得上是中国历史上第一位茶艺表演艺术家、现代茶艺师的祖师爷，常伯熊对唐代煎茶道盛行起到了极大推动作用，在这一点上习谓功盖陆羽。《封氏闻见记》里记载："楚人陆鸿渐为茶论，说茶之功效，并煎茶、炙茶之法。造茶具二十四事，以都统笼贮之。远近倾慕，好事者家藏一副。有常伯熊者，又因鸿渐之论广润色之，于是茶道大行，王公朝士无不饮者。御史大夫李季卿宣慰江南，至临淮县馆。或言伯熊善茶者，李公为请之。伯熊着黄被衫、乌纱帽。手执茶器，口通茶名，区分指点，左右刮目。"

上述饮茶诸现象出现的时间点与唐代文献资料所述吻合。如封演在《封氏闻见录》所记："南人好饮之，北人初不多饮。开元中，泰山灵岩寺有降魔师大兴禅教，学禅务于不寐，又不夕食，皆许其饮茶。人自怀挟，到处煮饮。从此转相仿效，遂成风俗。自邹、齐、沧、棣，渐至京邑，城市多开店铺煎茶卖之，不问道俗，投钱取饮。其茶自江、淮而来，舟车相继，所在山积，色额甚多。"杨华《膳夫经手录》里说："茶，古不闻食之，近晋、宋以降，吴人采其叶煮，是为茗粥。至开元、天宝（713—756）之间，稍稍有茶。至德、大历（756—779）遂多，建中（780）以后盛矣。"

至公元780年，陆羽的《茶经》问世，煎茶道大兴。《新唐书》里

说："羽嗜茶，著《经》三篇，言茶之源、之法、之具尤备。天下益知茶矣。时鬻茶者至陶羽形置炀突间，祀为茶神。"唐代赵璘《因话录》记载："陆羽性嗜茶，始创煎茶法。鬻茶之家，陶其像置于锡器之间，云宜茶足利。"宋代诗人梅尧臣在《次韵和永叔尝新茶杂言》诗中道："自从陆羽生人间，人间相学事春茶。"明代陈文烛《茶经序》里更是说："人莫不饮食也，鲜能知味也。稷树艺五谷而天下知食，羽辨水煮茶而天下知饮，羽之功不在稷下，虽与稷并祀可也。"

被奉为茶圣的陆羽何许人也？陆羽（733—804），字鸿渐，湖北竟陵县人。他的一生比较坎坷，小时候就被自己的父母遗弃，成了孤儿，后被寺庙的僧人收养。《新唐书·陆羽传》记载："既长，以易自筮，得蹇之渐，曰：'鸿渐于陆，其羽可用为仪'，乃以陆为氏，名而字之。"师傅想让他出家，但小陆羽不喜欢在寺庙里生活。他以不孝有三无后为大的理由拒绝了，然后就跑到外面的戏班子里谋生。为了避安史之乱，陆羽又去了湖州。在那里，他得到了命中贵人诗僧皎然跟颜真卿的相助，尤其是皎然，陆羽习茶的很多理念都源于皎然，陆羽取得的成就与皎然是分不开的。皎然在顾渚山有自己的茶园，曾为陆羽考察顾渚紫笋茶、写作《茶经》提供了很大帮助，使其"结庐苕溪之滨，闭门对书"。皎然大陆羽十三岁，于陆羽亦师亦友的皎然影响了陆羽的后半生。

陆羽一生未娶，把自己的全部身心都投入到了对茶的研究中，整天穿山访茶，乐此不疲。陆羽在自传中对自己描述道："上元初，结庐于苕溪之湄，闭关对书，不杂非类，名僧高士，谈宴永日。常扁舟往山寺，随身惟纱巾、藤鞋、短褐、犊鼻。往往独行野中，诵佛经，吟古诗，杖击林

↓ 茶山风光

木，手弄流水，夷犹徘徊，自曙达暮，至日黑兴尽，号泣而归。故楚人相谓，陆羽盖今之接舆也。"皇甫冉写过一首《送陆鸿渐栖霞寺采茶》诗，把陆羽醉心茶研究的日常生活描绘得野趣盎然："采茶非采菉，远远上层崖。布叶春风暖，盈筐白日斜。旧知山寺路，时宿野人家。借问王孙草，何时泛碗花。"皎然在《访陆处士羽》诗中也说他："太湖东西路，吴主古山前。所思不可见，归鸿自翩翩。何山赏春茗，何处弄春泉。莫是沧浪子，悠悠一钓船。"

陆羽在顾渚山中考察、研究茶树，又结合自己多年以来在各地的茶事经验，以顾渚紫笋茶为蓝本，写就了世界上第一部茶学专著《茶经》。这本书是用心血和汗水凝结而成的，作为中国茶书的开山之作，《茶经》在人类历史上首次全面记录了茶的产地、栽培、采摘、制作、器具、煎煮、饮用、功效等相关知识。陆羽的《茶经》是对中唐以前茶事发展的总结，并将日常茶事升格为一种文化艺术，推动了中国茶文化的发展。《茶经》的问世亦标志着茶学这一门类学问的形成。《茶经》全书七千余字，分上、中、下三卷十节，概貌如下：

一之源，介绍茶树的起源、形状，品质、功效及生长环境。

二之具，介绍采茶、制茶工具及使用方法。

三之造，介绍茶叶的采制方法以及饼茶的制作工艺、鉴别方法。

四之器，介绍煎茶、饮茶的器具。对各种茶器具的名称、形状、材质，制作方法、用途、特点做了详尽说明。

五之煮，介绍如何炙茶，如何煎茶，煎茶用水的掌握及水对茶汤的影响。

六之饮，介绍饮茶风俗的起源和饮茶的方法。

七之事，介绍了陆羽之前的历代文献资料，掌故、诗词、医书等对茶

↑ 山中饮茶

的文字记述。

八之出，介绍其时唐代全国的茶叶产区及茶品的优劣。

九之略，介绍在某些特定情况下，可以酌情省略一些制茶工具、煎茶器具及相关步骤。

十之图，陆羽建议把《茶经》前九章内容抄写在白绢之上，张于四壁，便于学习。

陆羽的《茶经》距今已经有一千二百多年了，它的某些内容在今天还具参考价值，但有相当一部分内容也已经不适用现在的散茶泡饮了。明代罗廪在其所著《茶解》中讲道："故桑苎（陆羽）《茶经》，第可想其风致，奉为开山，其春、碾、罗、则诸法，殊不足仿。"当下的我们在读茶经时可以学学罗廪，不必沉于细节，在诵读文章后能做到体其大要、"想其风致"即可。

《茶经》这部书一问世，立即受到了文人雅士的推崇，然而也有一人发出了不同的声音，这是谁呢？此人正是陆羽的恩人兼师友皎然僧。细心的茶友会发现皎然在其所作《饮茶歌送郑容》一诗中有如下语句："云山童子调金铛，楚人茶经虚得名。"从"虚得名"一语即可看出皎然对陆羽著述的《茶经》是稍有微词的。这是为什么？在皎然看来，陆羽《茶经》着重强调了"技"而缺失了"道"，或说仅仅达到"与醍醐、甘露抗衡也""参百品而不混，越众饮而独高"之位，于茶之"形而上"还未达到皎然对其所期待的境界，看似微词实有恨铁未成钢之意。作为中国茶道开山鼻祖的皎然，其时已臻"一饮涤昏寐，情思朗爽满天地。再饮清我神，忽如飞雨洒轻尘。三饮便得道，何须苦心破烦恼"之境，如其自语"外物寂中谁似我，松声草色共无机"。皎然的"三饮茶歌"即是后世被誉为茶仙的卢仝之"七碗茶歌"的源头活水，"一碗喉吻润，二碗破孤闷。三碗

搜枯肠，惟有文字五千卷。四碗发轻汗，平生不平事，尽向毛孔散。五碗肌骨清，六碗通仙灵。七碗吃不得也，唯觉两腋习习清风生。"日本人对卢全推崇备至，常常将之与"茶圣"陆羽相提并论。皎然以他高深的佛门禅悟开启了中国茶道乃至世界茶道的初端。

皎然在与友人饮茶时，多选择白瓷茶碗，因为"素瓷雪色缥沫香"，皎然推崇的是"素瓷传静夜"之超然韵味。而陆羽则提倡茶碗"青则益茶"的实用主义，这一点上皎然显然高于陆羽。

爱之深方责之切，晚年陆羽深深体会到了皎然对自己的关爱，在听到恩师圆寂的消息时，陆羽泪如泉涌，立即由外地返回湖州杼山吊祭皎然。在皎然墓前，陆羽情深意切、字字珠玑地表达了对恩师皎然的怀念：

> 万木萧疏春节深，野服浸寒瑟瑟身。杼山已作冬令意，风雨谁登三癸亭。禅隐初从皎然僧，斋堂时谥助茶馨。十载别离成永诀，归来黄叶蔽师坟。

陆羽死后亦葬杼山，与青山绿水一起伴皎然左右。唐人孟郊《送陆畅归湖州，因凭题故人皎然塔、陆羽坟》一诗对此作了描述："杼山砖塔禅，竟陵广宵翁……不然洛岸亭，归死为大同。"

唐煮茶，
沸茶用鍑铫
三煎，器铛

在煎茶工具上，皎然用铛煎茶，

陆羽用鍑煎茶，

另外还有一个使用起来

更加方便的煎茶器——铫，

以铫煎茶。

《茶经》的问世使得煎茶这一饮茶方式在中晚唐得到了空前的发展。接下来我们看看陆羽在《茶经》中对煎茶做了怎样的描述。

　　唐代成品茶的形态有饼茶、末茶、散茶、粗茶四种，即《茶经》所记"有粗茶、散茶、末茶、饼茶者"，形制以饼茶为主。饼茶的制作要"晴采之，蒸之，捣之，拍之，焙之，穿之，封之，茶之干矣。"采茶工作要在晴天进行，茶青采下来，先放进甑里进行蒸青，接着把蒸好的茶倒入臼中捣烂，然后放到模子里把它压成饼，再用火把茶饼焙干，之后穿成串封藏，经过这七道工序，饼茶就做好了。

　　煎茶的流程是：烤茶—碾茶—用火—择水—煮茶—酌茶。首先要把茶烤好，然后需趁热用纸袋把它装起来，这样香气不容易散失。等到茶饼

↓ 五代　白瓷陆羽像、汤瓶、风炉、茶鍑、茶臼、渣斗
中国国家博物馆藏

采茶

蒸茶

捣茶

压
茶

焙茶

穿茶

藏茶

冷却以后再把它碾成颗粒如细米大小的茶末。接着选取木炭起火，在鍑中煮水。煮水是很有讲究的，当水微微有声，鍑中水面开始出现鱼眼一样的气泡的时候，这个叫第一沸。当鍑边缘的水像泉涌连珠的时候称作第二沸。当看到水面波涛汹涌般的沸腾时，就是第三沸了。这时就不能再继续煮了，否则水就过老，不适合饮茶了。为什么不适合饮茶了，因为若继续煎，会使得茶的内含物质浸出加大，以致茶汤的浓度提高，苦涩难咽。这也是当下的我们在使用盖碗或紫砂壶泡茶时需要注意的很关键的一个点——出水时间，其实就是要把握好所品茶汤的浓度。

在初沸的时候，依照水的多少，按比例放入适量的咸盐调味，并取出一些来试一下味道。在第二沸的时候，要舀出一瓢水备用，然后拿竹夹在

↓ 唐　鼎式茶铛　湖南博物馆藏

沸水中绕圈搅动形成漩涡，接着用"则"量好茶末，从中间的漩涡中把茶末倒进去。观察水面，当看到水面滚动如波涛狂奔、泡沫飞溅的时候，立即把刚才舀出备用的水倒进去止沸，让茶汤孕育成华。

陆羽的三沸煎茶法深度改良了过去"或用葱、姜、枣、橘皮、茱萸、薄荷等，煮之百沸，或扬令滑，或煮去沫，斯沟渠间弃水耳，而习俗不已"的煮茶方法，仅留盐一味。煎茶为何用盐在清人阮葵生的《茶余客话》中写有答案："芽茶得盐，不苦而甜。"煎茶法在水质、水温的把控上趋于科学，浓度掌控上更加合理，进而带来了适口宜人的茶汤，这是饮茶史上的一大进步。陆羽说茶水煮好后品饮时要"凡煮水一升，酌分五碗"。唐代的一升约合现在的 600 毫升，分放五碗，每碗盛汤 120 毫升。

↓ 唐 "茶埦"铭文瓷碗 湖南省文物考古研究所藏

陆羽《茶经·四之器》说："瓯，越州上，口唇不卷，底卷而浅，受半升已下。"半升是300毫升，也就是说其时饮茶仪轨为每碗所盛茶汤的容量为该茶碗容积的五分之二。"茶满欺人"，茶水满斝，水温下降相对缓慢，茶器烫手，握持不易，亦不便入口。五分之二的容量，水温下降快，利于持器，汤水易于入口。就当下看来，此法依旧合理适用。

唐诗是中华文化宝库中的一颗明珠，它记录了唐代政治、民情、风俗、文化等方方面面的信息。煎茶一道的流行，从唐诗中亦可感见。刘言史（约742—813）《与孟郊洛北野泉上煎茶》："粉细越笋芽，野煎寒溪滨"；白居易（772—846）《萧员外寄新蜀茶》："蜀茶寄到但惊新，渭水煎来始觉珍。"姚合（777—843）《送别友人》："独向山中觅紫芝，山人勾引住多时。摘花浸酒春愁尽，烧竹煎茶夜卧迟"；卢仝（795—835）《萧宅二三子赠答诗二十首·客谢竹》："太山道不远，

↓ 唐　绿釉茶铫　湖南博物馆藏

相庇实无力。君若随我行，必有煎茶厄"；曹邺（约816—875）《题山居》："扫叶煎茶摘叶书，心闲无梦夜窗虚。只应光武恩波晚，岂是严君恋钓鱼"；唐末张蠙（约901年前后）《夏日题老将林亭》："井放辘轳闲浸酒，笼开鹦鹉报煎茶。"

在煎茶工具上，皎然用铛煎茶，陆羽用鍑煎茶，另外还有一个使用起来更加方便的煎茶器——铫，以铫煎茶。同是煎茶器皿，这三者有何区别呢？《辞海》释鍑："大口锅。《方言》第五：'釜，自关而西或谓之釜，或谓之鍑'。《汉书·匈奴传下》：'多赍鬴鍑薪炭，重不可胜。'颜师古注：'鬴，古釜字也。鍑，釜之大口者也'。"《辞源》释釜："烹饪器，即无脚之锅，敞口圆底，或有二耳。上可置甑以蒸煮。"综上所述，《茶经》中的"鍑"我们可以把它理解成陆羽亲自设计的一种釜式大口锅。《辞源》释铛："釜属，有足，用于煮饭食；温器，较小，有三足，用以温茶、酒等。"从文物上看有的铛亦有柄。《辞源》释铫："有柄有流的小型烧器。"由是可知，铛有足而铫无足。

用铫煎茶的优点是可直接把茶汤从铫子里注进茶碗中，省略了以鍑、铛煎茶时需要借助其他工具把茶汤舀到茶碗里这一步骤，从而更便于操作。白居易《村居寄张殷衡》一诗对铫有过记载："药铫夜倾残酒暖，竹床寒取旧毡铺。闻君欲发江东去，能到茅庵访别无。"与白居易同科及第的唐代诗人元稹（779—831）写过一首生动有趣的茶诗，亦对铫子作了记载：

茶。

香叶，嫩芽。

慕诗客，爱僧家。

碾雕白玉，罗织红纱。

铫煎黄蕊色，碗转曲尘花。

夜后邀陪明月，晨前独对朝霞。

洗尽古今人不倦，将知醉后岂堪夸。

　　诗人开门见山描绘了茶是由香叶、嫩芽所制，用白玉雕制的茶碾把茶饼碾碎，然后用红纱筛茶，过滤杂质。用铫煎茶，用茶碗品饮。最后说饮茶能提神醒酒，从古至今，有谁会不喜欢茶呢？

　　晚唐还有一种未得到广泛使用的煎茶器叫作急须，其亦可当作注子使用。急须，流短，一侧有横直柄，与铫子类似。其后急须传往日本。北宋黄裳诗《龙凤茶寄照觉禅师》有"寄向仙庐引飞瀑，一簇蝇声急须腹"句，诗人自注："急须，东南之茶器"。

←唐　长沙窑绿釉急须
台北故宫博物院藏

茶器与茶具，唐代分野分明

茶器与茶具泾渭分明，
这同时也意味着茶器
与古来有之的茶、
食混用器皿亦分道扬镳。

《茶经》一书不但全面记录了茶的产地、栽培、采摘、制作、煎煮、饮用、功效等相关知识，而且首次详细描述了饮茶器与制茶具的具体内容且对二者进行了明确分工。陆羽认为，"茶器""茶具"是两个不同的概念，应对标相应的事物。《茶经》中，陆羽把与茶事相关的器物分为"器"与"具"两类，将用来采茶、制茶的工具称为"具"，在《茶经·二之具》中一一描述。陆羽把煮饮茶前炙茶、碾茶等对茶进行再加工的器物及用来煮茶、饮茶、贮茶、贮盐的器物称为"器"，在《茶经·四之器》中分别讲述。

茶器作为一个与饮茶直接相关的器物门类独立出来，这是饮茶技术在历史上的一大进步。至此，茶器与茶具泾渭分明，这同时也意味着茶器与古来有之的茶、食混用器皿亦分道扬镳。

《茶经·二之具》介绍了十九种采茶、制茶的工具，分别是采茶工具：籝；蒸茶工具：灶、釜、甑、箄、穀木枝；捣茶工具：杵、臼；拍茶工具：规、承、襜、芘莉；焙茶工具：棨、朴、焙、贯、棚、育（兼有封藏功能）；穿茶工具：穿；封茶工具：育。

《茶经·四之器》介绍了二十八种煮茶和饮茶的用具，分别是：生火用具：风炉、灰承、筥、炭挝、火筴。

风炉·灰承

　　陆羽设计的风炉是鼎式炉，用铜或铁铸成，三足两耳。炉壁厚三分，炉口边缘宽九分，炉子的内部有六分厚的泥壁，用来提高炉温。炉子中间安装有炉床，上面放炭火。炉身开洞通风，并设三个支架用于放置煮茶器镇。下有三只脚的铁灰承，起着接受炉灰、托住炉子的作用。春秋时代中国已经开始炼铁了，及至战国时代铁制品如兵器、农具已经得到广泛使用。铁的熔点高于金、银、铜，硬度也大，所以被陆羽选用制作风炉。

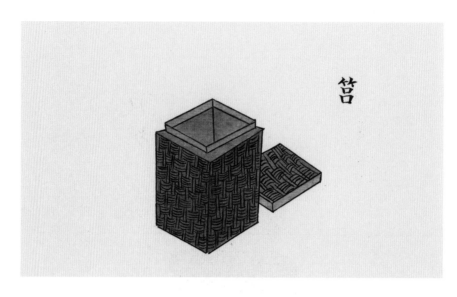

筥

筥，用竹子编制，高一尺二寸，直径七寸，主要就用来放置木炭。

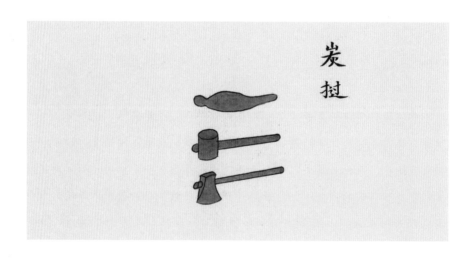

炭挝

炭挝，用铁做成的六棱形棒，长一尺，头部尖，中间粗。有的做成斧形，各随其便。它的主要作用就是用来碎炭。

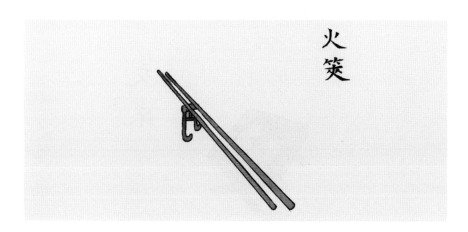

火筴，就是平常所用的火钳，一尺三寸长，用铁或熟铜制成，形如筷子，取炭用。

煮茶用具：鍑、交床、竹夹。

鍑，这是陆羽设计的煮水、茶用的大口锅，与风炉配合使用，混成一体。

交床

交床，用木构制成十字交叉的木架来支撑中间挖空的木板，作为放鍑之用。

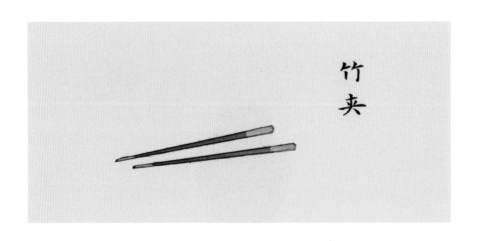

竹夹

竹夹，有桃木做的，也有用柳木、蒲葵木或柿心木做的。长一尺，用银包裹两头。

烤茶、碾茶、量茶用具：夹、纸囊、碾、拂末、罗合、则。

夹，用小青竹制成，长一尺二寸，一头的一寸处有竹节，竹节以上剖开，以便夹茶饼在火上烤茶。

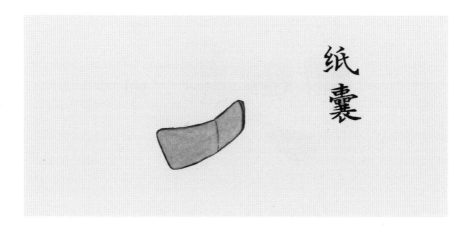

纸囊，用白且厚的双层剡藤纸缝成，用来贮藏烤好的茶，使茶的香气得以长期保存不至散失。

碾、拂末。碾，用橘木做的最好，其次用梨木、桑木、桐木、柘木制作。碾内圆而外方，内圆以便运转，外方防止倾斜翻倒。拂末用鸟的羽毛制成，用来拂扫茶末。

罗合、则，"罗末，以合盖贮之，以则置合中"。罗就是一面筛子，饼茶在碾子里碾过之后，要经过罗的筛网，这样茶末就不会太粗，筛过的末会落在合里。则，用海贝、蛤蜊或铜、铁、竹制成，它放在合中，方便取用茶末。

盛水、滤水、取水用具有水方、漉水囊、瓢、熟盂。

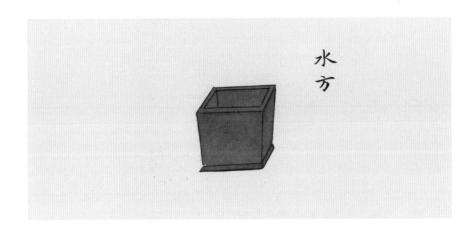

水方，用稠、槐、楸、梓等木制成，里外的缝隙用漆封涂，可盛水一斗。

漉水囊用于过滤水体。骨架用生铜铸造，滤水的袋子用青篾丝编织而成并卷成袋形。

瓢，用剖开的葫芦制成或是木头雕成，作用就是用来舀水。

熟盂，用瓷制成，或用陶制，是用来盛装开水的容器。可盛水二升。

盛盐和取盐用具有鹾簋、揭。

鹾簋，用瓷做成，圆径四寸，盒形或瓶形，或为罍状，装盐用。揭，用竹制成，长四寸一分，宽九分，取盐的工具。

饮茶用具有碗、札。

碗，盛茶水以饮用。

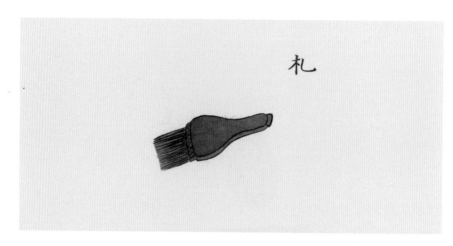

札，把棕榈皮夹在茱萸木上，捆紧，像一只大毛笔。作刷子用。

清洁用具有涤方、滓方和巾。

涤方，用楸木制成，用来盛放洗涤后的水，容量八升。

滓方，用来盛放茶渣等废物，容量五升。

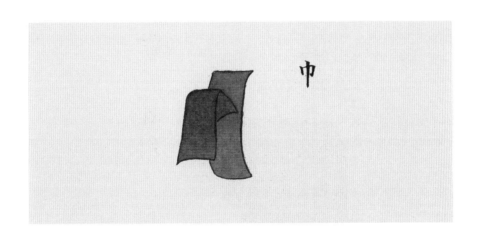

巾，用长二尺的粗绸子制作，做两块，交替使用，擦拭器皿。

盛器和摆设用具有畚、具列、都篮。

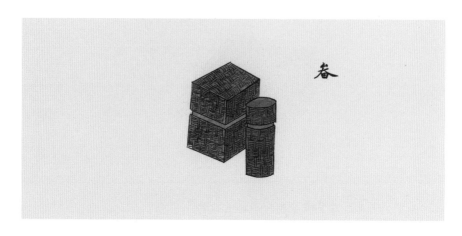

畚，用白蒲卷编而成，用来收纳茶碗，一般可以装下十个碗。也可用筥衬以双层剡纸，夹缝成方形，放碗十只。

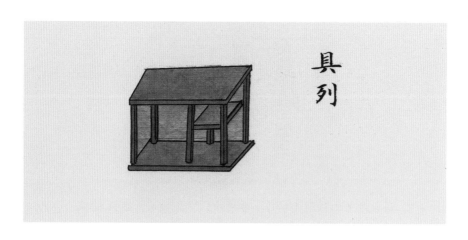

具列，用木或竹制成，也可木竹兼用。长三尺，宽二尺，高六寸，用来收藏、陈列各种茶具。

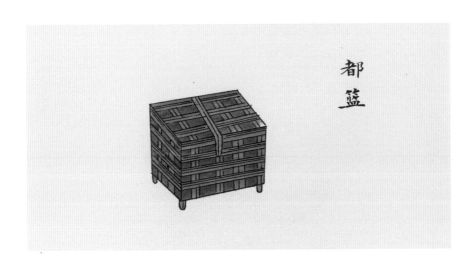

都篮，因为全部器具都可以装在这一只篮子里而得名。

这二十八种器中，把都篮除外，把风炉和灰承合一，碾和拂末合一，罗篦和揭合一，即成为陆羽《茶经·九之略》说的二十四器了，"但城邑之中，王公之门，二十四器缺一，则茶废矣"。封演所著《封氏闻见记》里亦记："楚人陆鸿渐为茶论，说茶之功效，并煎茶、炙茶之法。造茶具二十四事，以都统笼贮之。远近倾慕，好事者家藏一副。"可见这套茶具在当时市场上的受欢迎程度。于此风气下，陶、石、竹、木、漆、冶等相关手工业也得到了长足发展。

唐代是传统茶业生产空前发展的时期，"茶马互市"亦开展起来，《新唐书·陆羽传》记载："其后尚茶成风，时回纥入朝，始驱马市茶。"那时候，参与茶马交易的由四川粗老绿茶制成的蒸青团茶在运往边境交易的路途中顶风冒雨，人扛马驮。在长达数月的运茶路上，茶叶在行

↑ 唐 越窑 青釉葵口碗 故宫博物院藏

进中颠簸，在湿热作用下，茶叶内的多酚类物质发生了氧化。本是绿色的原茶，到达目的地后外表变成了乌青色，所以人们将其称为 "乌茶"。四川乌茶应该是中国黑茶最早的形态。其时茶学、茶文化构建成形，茶法建立，奠定了后世传统茶业的基本格局。在陆羽、常伯熊这些专职茶人及喜茶的官员、文人、墨客的带动下，自皇家至平民饮茶蔚然成风，"累日不食犹得，不得一日无茶"。在唐代文人作品中我们也常见到有关茶事的描写。王维《酬严少尹徐舍人见过不遇》："君但倾茶碗，无妨骑马归"；《酬黎居士淅川作》："松龛藏药裹，石唇安茶臼"；杜甫《寄赞上人》："柴荆具茶茗，径路通林丘。与子成二老，来往亦风流"；柳宗元《夏昼偶作》："日午独觉无馀声，山童隔竹敲茶臼"；白居易《山泉煎茶有怀》："无由持一碗，寄与爱茶人"、《春尽劝客酒》："尝酒留闲客，行茶使小娃"、《履道新居二十韵》："移榻临平岸，携茶上小舟"；顾况《焙茶坞》："新茶已上焙，旧架忧生醭。旋旋续新烟，呼儿劈寒木"；鲍君徽《东亭茶宴》"闲朝向晓出帘栊，茗宴东亭四望通。远眺城池山色里，俯聆弦管水声中"；齐己《尝茶》："石屋晚烟生，松窗铁碾声。因留来客试，共说寄僧名。"

唐代的茶事已经有了很多专属茶器，尤其是陆羽《茶经》的推而广之使得茶器的种类迅速增多，对茶器的审美也有了新的发展。比方说，晚唐著名诗人皮日休有十首《茶中杂咏》，陆龟蒙又和了十首《奉和袭美茶具十咏》，里面对茶鼎、茶瓯、茶人等都作了歌咏。文人的大力推广赋予了茶事、茶器崭新的精神内涵，亦促使那些制作茶器的匠人的工艺技能得到不断提升与发展。

唐代禁铜，唐玄宗李隆基做《申严铜禁制》："铜者，馁不可食，寒不可衣，既不堪于器用，复不同于宝物，唯以铸钱，使其流布。宜令所在加铸，委按察使申明格文，禁断私卖铜锡，仍禁造铜器。"铜以铸币，皇帝禁止民间用铜。此时金银器虽然在唐朝的生产数量较多，但也是主要用在皇亲贵族家庭，不为普通百姓所用，这都在客观上促进了原料广泛、成本相对低廉的日用瓷器之发展。唐代陶瓷生产规模宏大，前所未有。

研究显示，在隋朝即出现了用匣钵装烧瓷器的技术，这大大提高了瓷器的质量与美观程度。匣钵技术的出现，为唐代瓷器工艺发展做了新的技术准备。唐朝的烧造工艺普遍使用了匣钵，尤其中唐以后，在匣钵技术的帮助下高质量的青瓷、白瓷得以广泛烧出。隋唐两代，制瓷业迅猛发展，逐渐形成了以南方越窑和北方邢窑为代表的两大瓷窑系统——"南青北白"二分天下之局面。唐代诗人皮日休在《茶瓯诗》中说："邢人与越

人，皆能造瓷器，圆似月魂堕，轻如云魄起。"唐代段安节的《乐府杂录》亦记："以越瓯、邢瓯八十一只，施加减水于其中，以箸击之，其音妙于方响。"可见其时所制瓷器质地坚硬，箸击有金石之音。杜甫在《又于韦处乞大邑瓷碗》一诗中不吝赞美胎薄质硬、颜色洁白的白瓷碗："大邑烧瓷轻且坚，扣如哀玉锦城传。君家白碗胜霜雪，急送茅斋也可怜。"

唐末五代时，越窑以出众的品质烧制茶盏入贡，被称为"秘色瓷"。唐人徐夤的《贡馀秘色茶盏》记载了此事："捩翠融青瑞色新，陶成先得贡吾君。功剜明月染春水，轻旋薄冰盛绿云。"陆龟蒙亦作《秘色越器》："九秋风露越窑开，夺得千峰翠色来。""秘色瓷"是专属皇家的贡品瓷器，秘色之"色"并不指代颜色，指的是品种、类别，这与我们在茶学上所说各色茶叶的"色种"是一个意思。秘色瓷不仅包括越窑之类玉

← 五代　秘色瓷莲花碗
扬州博物馆藏

青色，亦有其他窑口的多种颜色。

虽有"类玉""类冰""类银""类雪"的"南青北白"，但大唐广博的人心气度、万千的兼容并蓄令时人"不薄雅素，更喜富丽"，由是以长沙窑、唐三彩为代表的彩瓷在唐代也得到蓬勃发展。唐代的长沙窑是中国彩绘瓷发展的第一个高峰，尤为难得的是它保留了大量的民间绘画真迹，为后人展示了丰富多彩的大唐面貌。唐三彩是唐代一种独特的陶器，并不止三种色彩，它有红、蓝、黑、黄、绿、白等多种颜色。唐三彩属于低温铅釉陶器，是以汉代低温铅彩釉陶与魏晋南北朝时期的单色彩陶为基础发展起来的造型丰富、色彩绚丽的艺术形式，亦成为大唐气象的一大象征。

观陆羽《茶经》，其中未免有一点遗憾，即其未对唐代宫廷饮茶风貌有所书记。还好，陕西扶风法门寺塔地宫唐代皇家器物的出土使我们对其

← 唐 长沙窑青釉彩绘花鸟图执壶
故宫博物院藏

↑ 唐 三彩罐、杯、承盘 故宫博物院藏

时的宫廷茶文化得以一窥。法门寺位于陕西扶风县法门镇，始建于东汉，以供奉佛骨舍利而闻名。1987 年，考古工作者在清理法门寺唐代塔基时，意外发现了地宫。地宫内有供奉的佛骨及唐代帝王供佛之奇珍异宝。难能可贵的是其中有一套唐代宫廷饮茶器物，经考证这套茶器是唐僖宗李儇御用之物，这是二十世纪茶文化史上极其重要的考古发现。

透过这些缤纷精美的文物，唐代僧人子兰的《夜直》之景如在眼前："大内隔重墙，多闻乐未央，灯明宫树色，茶煮禁泉香。"

← 唐 鎏金银碢轴

← 唐 鎏金摩羯纹三足架银盐台

← 唐 琉璃茶盏及茶托

宋代点茶兴，茶盏贵青黑

斗茶，也称"茗战"，它是古人以某种约定俗成的品饮方式对茶之品质优劣进行比较的一种集体活动。

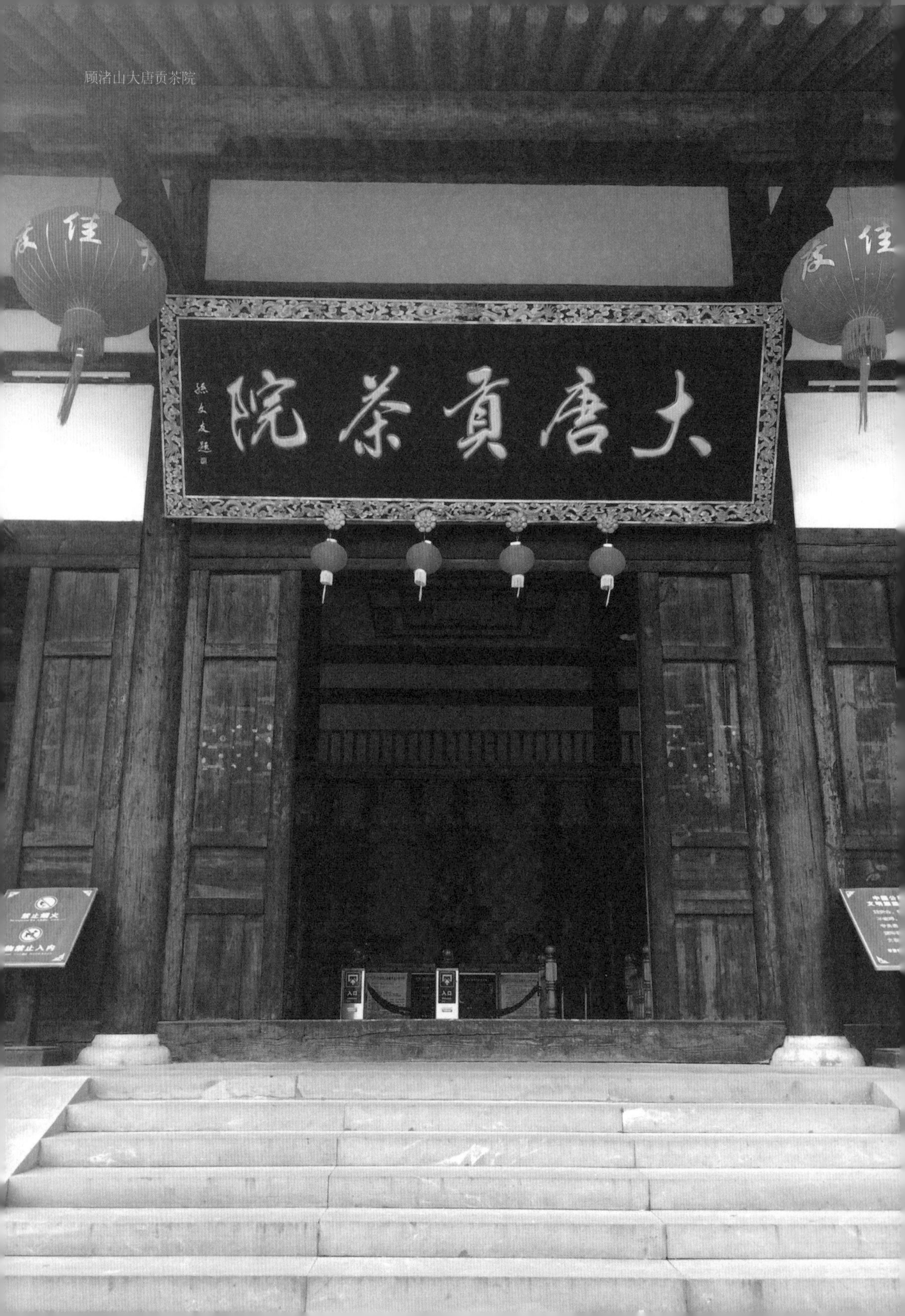

顾渚山大唐贡茶院

茶兴于唐而盛于宋。唐大历五年（770），在今浙江省长兴县顾渚山侧的虎头岩建立了中国历史上第一座皇家茶厂——大唐贡茶院。唐《元和郡县图志》载："贞元以后，每岁以进奉顾山紫笋茶。役工三万，累月方毕。"宋初气候转冷，导致江南茶区减产，这就促使贡茶产区由江南地区转移到了温暖湿润的福建建瓯地区，如欧阳修所说"建安三千里，京师三月尝新茶"。福建茶作为贡茶，并不是始于宋代，而是发轫于南唐。北宋建安人宋子安在1064年左右撰写的《东溪试茶录》里记道："旧记建安郡官焙三十有八，自南唐岁率六县民采造，大为民所苦，我朝自建隆以来，环北苑近焙，岁取上贡，外焙具还民间而裁税之。"

↓ 北苑御焙遗址

"任道时新物，须依古法煎"，这是与韩熙载齐名的北宋徐铉在其诗《和门下殷侍郎新茶二十韵》之语。在徐铉语中，唐代的煎茶已为古风了。唐代煎茶逐渐式微，由宋代的点茶起而代之。宋人王观国在其学术笔记《学林》里记载："茶之佳品，皆点啜之。其煎啜之者，皆常品也。"需要注意的是，煎茶在宋代并没有消失，只是不占主流罢了。今天我们从宋诗中还可以看到那时存在煎茶的情形。例如北宋吴则礼《周介然所惠石铫取淮水渝茶》："吾人老怀丘壑情，洗君石铫盱眙城。要煎淮水作蟹眼，饭饱睡魔聊一醒。"苏轼《次韵周穜惠石铫》："铜腥铁涩不宜泉，爱此苍然深且宽。蟹眼翻波汤已作，龙头拒火柄犹寒。姜新盐少茶初熟，水渍云蒸藓未干。自古函牛多折足，要知无脚是轻安。"

　　点茶法当然不是横空出世的，它源于唐代的煎茶法而开端于五代。唐朝德宗皇帝在一次微服出巡时路过西明寺，口渴难耐，欲入寺讨茶解渴。走进寺内，他见有人在，也没顾上看此人容貌，便说："茶请一碗！"巧的是，寺内这个人是正在此处抄写经书的大臣宋济，宋济当然不知是皇上驾到，头也没抬，边抄写经书边回了一句："鼎火方煎，此有茶末，请自泼之。"这方便"取巧"的"泼茶"，可视为后来宋代点茶的雏形。五代人苏廙在其《十六汤品》中首记点茶："茶已就膏，宜以造化成其形。若手颤臂弹，惟恐其深，瓶嘴之端，若存若亡，汤不顺通，故茶不匀粹。"

　　宋代茶叶的采制、饮用器皿及饮茶方式比之唐代都有了很大的变化。陆羽的《茶经·三之造》记载："茶之笋者，生烂石沃土，长四五寸，若薇蕨始抽，凌露采焉。茶之芽者，发于丛薄之上，有三枝四枝五枝者，选其中枝颖拔者采焉。"《茶经·五之煮》又说："其始若茶之至嫩者，茶罢热捣叶烂而芽笋存焉。"唐代的一尺约合现在的30.6厘米，按5寸计为现在的15.3厘米。从这个长度来看，唐代茶青采摘是一芽三四叶，之后的工序为：茶叶蒸青、捣烂、拍打压饼、焙干、封藏。宋代制茶与唐代制茶不同之处主要有四点：一是茶采得越来越嫩，"芽如雀舌、谷粒者，为斗品"，"枪过长，则初甘重而终微涩"。丁谓在《北苑焙新茶诗》中描述采茶标准是："才吐微茫绿，初沾少许春。"宋代蒸茶前还要将"茶芽再四洗涤"。二是唐代为捣茶，宋代为榨茶，榨茶前要"淋洗数过"，榨茶后还须研。由"榨"与"捣"两个字眼可以明显地看出，宋代的榨茶力度要远远大于唐代的捣茶力度。究其原因，作为贡茶的建茶多是中、大叶种，其叶片肥厚、内含物质丰富，咖啡碱跟茶多酚的含量高，所以需要出其"膏"，即把叶片内的汁液榨出。如果不这样做，成品茶会很苦涩。反观唐代江南茶区的茶，则"畏流其膏"。三是改唐代焙茶为"过黄"，即茶的烘焙过程当中要浸三次沸水。四是茶叶出"膏"后，需要先把茶叶研磨成末，然后才用模具将茶末压饼成形。

宋代赵汝砺所著茶书《北苑别录》对宋代制茶过程作了系统地描述，值得一观，略录如下：

拣茶：茶有小芽，有中芽，有紫芽，有白合，有乌蒂，此不可不辨。小芽者，其小如鹰爪，初造龙园胜雪、白茶，以其芽先次蒸熟，置之水盆中，剔取其精英，仅如针小，谓之水芽，是芽中之最精者也。中芽，古谓之一枪一旗是也。紫芽，叶之紫者是也。白合，乃小芽有两叶抱而生者是也。乌蒂，茶之蒂头是也。凡茶以水芽为上，小芽次之，中芽又次之，紫芽、白合、乌蒂，皆所在不取。

蒸茶：茶芽再四洗涤，取令洁净。然后入甑，候汤沸蒸之。

榨茶：茶既熟，谓之"茶黄"。须淋数过（欲其冷也），方入小榨，以去其水。又入大榨出其膏。先是包以布帛，束以竹皮，然后入大榨压之……盖建茶味远力厚，非江茶之比。江茶畏流其膏，建茶惟恐其膏之不尽，膏不尽，则色味重浊矣。

研茶：研茶之具，以柯为杵，以瓦为盆，分团酌水，亦皆有数……每水研之，必至于水干、茶熟而后已。水不干，则茶不熟，茶不熟，则首面不匀，煎试易沉。故研夫尤贵于强有手力者也。

造茶：凡茶之初出研盆，荡之欲其匀，揉之欲其腻。然后入圈制銙（即模具），随笪过黄。有方銙，有花銙，有大龙，有小龙。品色不同，其名亦异。故随纲系之贡茶云。

过黄：茶之过黄，初入烈火焙之，次过沸汤爁之。凡如是者三。而后，宿一火，至翌日，遂过烟焙焉。然烟焙之火不欲烈，烈则面炮而色黑。又不欲烟，烟则香尽而味焦。但取其温

↓龙园胜雪、白茶　《宣和北苑贡茶录》载

温而已。凡火之数多寡，皆视其铸之厚薄。铸之厚者，有十火至于十五火；铸之薄者，八火至于六火。火数既足，然后过汤上出色。出色之后，当置之密室，急以扇扇之，则色泽自然光莹矣。

文中所述极品龙园胜雪、白茶均是何物呢？

龙园胜雪由宋徽宗宣和年间福建转运使郑可简创制的银线水芽所制。成书于宋徽宗宣和七年的《宣和北苑贡茶录》记载："芽茶绝矣，至于水芽，则旷古未知闻也。宣和庚子岁，漕臣郑公可简始创为银丝水芽。盖将已拣熟芽再剔去，只取其心一缕，用珍器贮清泉渍之，光明莹洁，若银线然。其制方寸新铸，有小龙蜿蜒其上，号龙园胜雪。""龙园胜雪"一出世即把前朝丁谓、蔡襄所制的著名贡茶大、小龙凤团茶给比了下去。彼时蔡襄所创小龙团茶每饼价值二两黄金，只进贡给皇上，与他人无缘。宋代王辟之在《渑水燕谈录·事志》中记道："庆历中，蔡君谟为福建转运使，始造小团以充岁贡，一斤二十饼，所谓上品龙茶者也。仁宗尤所珍惜，虽宰臣未尝辄赐，惟郊礼致斋之夕，两府各四人，共赐一饼。宫人翦金为龙凤花贴其上，八人分蓄之，以为奇玩，不敢自试，有嘉客，出而传玩。"宋代龙凤团茶的初造很多朋友都认为是宋至道年间漕闽的丁谓所创，实则不然。宋代龙凤团茶其实是始于宋太宗朝，这一点丁谓在其《北苑茶录》里有所记载："龙茶，太宗太平兴国二年，遣使造之，规取像类，以别庶饮也。"宋仁宗庆历年间，福建转运使柯适在北苑御茶园岩石上凿刻题字，其中有："建州东凤皇山，厥植宜茶。惟北苑太平兴国初始为御焙，岁贡龙凤。"此题刻至今留存，称"凿字岩"，立于建瓯东峰镇焙前村，现已建亭保护。"凿字岩"石刻高约3米，长约4米，宽约2.5米，岩石表面刻字八十，落款"庆历戊子仲春朔柯适记"。

↑ 建瓯东峰镇焙前村"凿字岩"

　　白茶，在这里不是指我们现代所说六大茶类中的白茶，而是指如安吉白茶、武夷白鸡冠这类因低温导致叶绿素缺失而使茶树叶片呈现白色的茶树品种。这种茶树非常罕见，其所出茶为宋代斗茶珍品。《东溪试茶录》记载："茶之名有七：一曰白叶茶，民间大重，出于近岁，园焙时有之。地不以山川远近，发不以社之先后，芽叶如纸，民间以为茶瑞，取其第一者为斗茶，而气味殊薄，非食茶之比。"其后宋徽宗在《大观茶论》论道："白茶自为一种，与常茶不同，其条敷阐，其叶莹薄。崖林之间，偶然生出，虽非人力所可致。有者不过四五家，生者不过一二株，所造止于二三铸而已。芽英不多，尤难蒸焙，汤火一失，则已变而为常品。须制造精微，运度得宜，则表里昭彻，如玉之在璞，它无与伦也。""点茶之色，以纯白为上真，青白为次，灰白次之，黄白又次之。天时得于上，人

↑ 武夷山四大名丛之一的白鸡冠

力尽于下，茶必纯白。"

宋人周密的《乾淳岁时记·进茶》记载："仲秋上旬，福建漕司进第一纲茶，名北苑试新。方寸小銙，进御止百銙。护以黄罗软盝，藉以青箬，裹以黄罗夹袱，臣封朱印，外用朱漆小匣镀金锁，又以细竹丝织笈贮之，凡数重。此乃雀舌水芽所造，一銙之值四十万，仅可供数瓯之啜尔。或以一二赐外邸，则以生线分解，转遗好事，以为奇玩。""一銙之值四十万"，这个数目于茶来讲堪称巨大，宋徽宗不无炫耀地说："故近岁以来，采择之精，制作之工，品第之胜，烹点之妙，莫不盛造其极。"宋人蔡绦在笔记《铁围山丛谈》中记道："茶之尚，盖自唐人始，至本朝为盛，而本朝又至祐陵时益穷极新出，而无以加矣。"由是可见，以皇家为首的茶饮由此逐步走向了奢靡，这亦是北宋颓亡的先兆之一。

那么宋人对龙园胜雪与白茶接近极致的变态追求是出于什么原因呢？为了斗茶。何为斗茶？斗茶，也称"茗战"，它是古人以某种约定俗成的品饮方式对茶之品质优劣进行比较的一种集体活动。宋代生活中，上至宫廷、下及百姓均乐此不疲。为何要斗茶呢？宋徽宗赵佶在其《大观茶论》中给出了堂皇的理由，"茶之为物，擅瓯闽之秀气，钟山川之灵禀，祛襟涤滞，致清导和……中澹闲洁，韵高致静"，其时"百废俱兴，海内晏然，垂拱密勿，幸致无为。缙绅之士，韦布之流，沐浴膏泽，熏陶德化，盛以雅尚相推，从事茗饮"，"天下之士，厉志清白，竞为闲暇修索之玩，莫不碎玉锵金，啜英咀华。较箧笥之精，争鉴裁之妙；虽下士于此时，不以蓄茶为羞，可谓盛世之清尚也"。宋代，随着生产力的发展，科学技术的进步，文人阶层逐渐壮大，大夫阶层有钱有闲，市民阶层崛起，整个社会安闲舒适，生活富足。南、北宋之交的孟元老在其《东京梦华录》中记述了当时汴京城的繁华景象："太平日久，人物繁阜。垂髫之童，但习鼓舞，斑白之老，不识干戈。时节相次，各有观赏。灯宵月夕，雪际花时；乞巧登高，教池游苑。举目则青楼画阁，绣户珠帘；雕车竞驻于天街，宝马争驰于御路；金翠耀目，罗绮飘香。新声巧笑于柳陌花衢，按管调弦于茶坊酒肆……集四海之珍奇，皆归市易；会寰区之异味，悉在庖厨。花光满路，何限春游；箫鼓喧空，几家夜宴。伎巧则惊人耳目，侈奢则长人精神……仆数十年烂赏叠游，莫知厌足。"

宋代第一大玩主宋徽宗亡国又做俘虏，不是个好皇帝，但是此人在琴棋书画方面造诣颇深，对茶的制作、品饮更是精通，甚至亲自组织茶、酒之会且亲手点茶赐予臣下。蔡京的《保和殿曲燕记》记载："赐茶全真殿，上亲御击汤，出乳花盈面。"又引《延福宫曲宴记》云："上命近侍取茶具，亲手注汤击拂，少顷，白乳浮盏面，如疏星淡月。"上有所

↑《文会图》（局部）

好，下必效焉，点茶品饮与斗茶娱乐成了有宋一朝皇亲贵戚、士人墨客、僧道两教、市井小民离不开的生活内容。宋人说"盖人家每日不可缺者，柴米油盐酱醋茶""茶非古也，源于江左，流于天下，浸淫于近代。君子小人靡不嗜也，富贵贫贱靡不用也。"

在宋徽宗赵佶的《文会图》中，我们可以看到宋代瑰丽的茶、酒、琴、香、馔之文人集会。偌大的黑色方形案置于树下，案上摆满了蔬果食物，茶酒杯碟。文人们或立、或坐，交谈正欢。不远处有一群童子正在备茶，茶托、茶盏、茶筅、具列均可目见。一童子手持茶勺，正在将点好的茶汤舀入茶盏，其左侧焰火正旺的炉子上，有汤瓶煎水。

刘松年，号清波，南宋宫廷画家，他的传世作品《撵茶图》、《斗茶图》生动地描绘了南宋茶事之景。《撵茶图》中，画面右侧绘有三人，一僧人伏案执笔，另两人端坐其旁观览。画面左侧绘有两人，其中一人跨坐

↑ 宋 刘松年 《撵茶图》 台北故宫博物院藏

矮几，在专心致志地转动石磨。"碎身粉骨方余味，莫厌声喧万壑雷"，正是北宋黄山谷《奉同六舅尚书咏茶碾煎烹三首》中所述之碾茶场景。另一人立于茶案旁，左手端着茶盏，右手提着汤瓶正在点茶。案上有茶筅、茶盏、茶托及茶仓等物。其左手边是煮水的风炉、带有盖子及提梁的茶铫，右手边是贮水瓶。

在民间，斗茶亦是一种有娱乐性的社交活动，刘松年的《斗茶图》中朋友四人在清幽的环境里享受着斗茶的乐趣及彼此的友情交流。

接下来，我们看一下宋代主要品茶方式——点茶的流程：炙茶—碾茶—罗茶—候汤—熁盏—点茶。需先把盏烤热，接着视盏之大小用茶匙取碾后罗好的茶末入盏。煮好水，先注入少许汤水，把茶膏调制均匀，并用金属茶匙或竹制的茶筅在盏中"回环击拂"，"回环击拂"可以理解为有

↓ 河北宣化辽墓壁画　点茶图局部　茶匙击拂

技巧地搅拌。需要知道的是，宋初用茶匙击拂，宋中后期则用竹筅。如蔡襄所记："茶匙，茶匙要重，击拂有力。黄金为上，人间以银铁为之。竹者轻，建茶不取。"北宋欧阳修的《尝新茶呈圣俞》写道："停匙侧盏试水路，拭目向空看乳花。"北宋毛滂的《谢人分寄密云大小团》写道："旧闻作匙用黄金，击拂要须金有力。"

其后宋徽宗赵佶在《大观茶论》中记载："筅，茶筅以箸竹老者为之，身欲厚重，筅欲疏劲，本欲壮而末必眇，当如剑脊之状。"北宋韩驹的《谢人寄茶筅子》写道："看君眉宇真龙种，犹解横身战雪涛。"南宋刘过《好事近·咏茶筅》形象地描绘出竹质茶筅的功用："谁斫碧琅玕，影撼半庭风月。尚有岁寒心在，留得数茎华发。龙孙戏弄碧波涛，随手清风发。滚到浪花深处，起一窝香雪。"茶筅的原型最早出现在北魏，是一种制酒时用到的叫作"竹扫"的工具。北魏贾思勰在《齐民要术·白醪酒第六十五》中写道："取鱼眼汤，沃浸米沺二斗，煎取六升；著瓮中，以竹扫冲之，如茗渤。"这句话的意思是说，用鱼眼汤泡出两斗米沺水来，煎成六升，放入瓮中，用竹扫搅拌，泛起白色的泡沫，这个情景很像东晋杜育《荈赋》所记煎茶时"沫沉华浮，焕如积雪，晔若春敷"的沫饽。

接着还需"第二汤自茶面注之，周回一线。急注急止，茶面不动，击拂既力，色泽渐开，珠玑磊落。三汤多寡如前，击拂渐贵轻匀。周环旋复，表里洞彻，粟文蟹眼，泛结杂起，茶之色十已得其六七。四汤尚啬，筅欲转稍宽而勿速，其清真华彩，既已焕发，云雾渐生。五汤乃可少纵，筅欲轻匀而透达，如发立未尽，则击以作之。发立已过，则拂以敛之。结浚霭，结凝雪，茶色尽矣。六汤以观立作，乳点勃结，则以筅著居缓绕，拂动而已。七汤以分轻清重浊，相稀稠得中，可欲则止。乳雾汹涌，溢盏而起，周回旋而不动，谓之咬盏。宜匀其轻清浮合者饮之。"

↑宋 《五百罗汉图·茶筅击拂》 日本京都大德寺藏

斗茶较量的是"回环击拂"后导致"色贵青黑"的茶盏内部空间表面泛起的乳花及咬盏情况。乳花在宋代有很多的名称，有的叫云脚，有的叫乳花，有的叫琼花。乳花是指在"回环击拂"的情况下盏面凝聚起的色白如花的浮沫，亦即《荈赋》所言："焕如积雪，烨若春敷。"陆羽所述："沫饽，汤之华也。""重华累沫，皤皤然若积雪耳。"《大观茶论》里说："乳雾汹涌，溢盏而起，周回凝而不动，谓之咬盏。"胜负评判的标准是"汤上盏，可四分则止，视其面色鲜白，著盏无水痕为绝佳。建安斗试，以水痕先者为负，耐久者为胜，故较胜负之说，曰相去一水、两水"。乳花的好看、咬盏时间的长久与否取决于击拂的技巧和茶末品质的高低，这也就回答了其时热衷斗茶的宋人为什么会狂热地追求几近变态的龙园胜雪与白茶了。

斗茶之事非是始于宋代，在唐代，作为贡茶的湖州顾渚山的顾渚紫笋跟常州义兴所产的阳羡雪芽首开斗茶之风。这两个地方相邻，所以每年做茶的时候，两州的刺史都会亲自到场，并且品第高下。白居易有一首诗《夜闻贾常州崔湖州茶山境会想羡欢宴因寄此诗》即记载了这一事件："遥闻境会茶山夜，珠翠歌钟俱绕身。盘下中分两州界，灯前合作一家春。青娥递舞应争妙，紫笋齐尝各斗新。自叹花时北窗下，蒲黄酒对病眠人。"唐宝历年间，常州贾刺史和湖州崔刺史共同邀请白居易赴境会亭茶宴，不巧的是白居易因病不能赴会，于是他写下这首诗来表达自己不能参加此次茶山盛宴的遗憾之情。

五代时期的和凝继唐开宋，首次组建以茶为媒的文人社团组织——汤社，开辟了宋人斗茶之风的先河。和凝，历梁、唐、晋、汉、周五朝，是真正意义上的"五代"人。约成书于五代末至北宋初的笔记《清异录》记载："和凝在朝，率同列递日以茶相饮，味劣者有罚，号为'汤社'。"

至宋，斗茶在百姓、文人乃至皇家兴起。北宋范仲淹书《和章岷从事斗茶歌》生动地将宋代北苑茶区斗茶情形展呈在我们面前：

> 年年春自东南来，建溪先暖冰微开。
>
> 溪边奇茗冠天下，武夷仙人从古栽。
>
> 新雷昨夜发何处，家家嬉笑穿云去。
>
> 露芽错落一番荣，缀玉含珠散嘉树。
>
> 终朝采掇未盈襜，唯求精粹不敢贪。
>
> 研膏焙乳有雅制，方中圭兮圆中蟾。
>
> 北苑将期献天子，林下雄豪先斗美。
>
> 鼎磨云外首山铜，瓶携江上中泠水。
>
> 黄金碾畔绿尘飞，碧玉瓯中翠涛起。

↓ 宋　羚羊角茶具　此器用以挑茶末入盏　台北故宫博物院藏

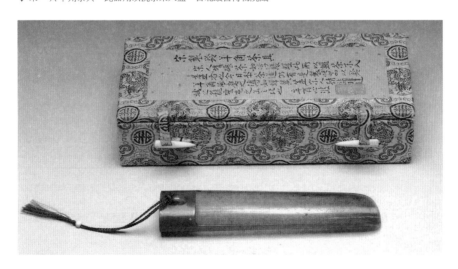

斗茶味兮轻醍醐，斗茶香兮薄兰芷。

其间品第胡能欺？十目视而十手指。

胜若登仙不可攀，输同降将无穷耻。

有宋一代，还有一种独特的与茶饮有关的技艺叫做"茶百戏"，它是通过巧妙的分茶技巧在液体表面形成字画的独特艺术形式，其始于唐而盛于宋。《清异录》记载："茶至唐始盛。近世有下汤运匕，别施妙诀，使汤纹水脉成物象者，禽兽虫鱼花草之属，纤巧如画。但须臾即就散灭。此茶之变也，时人谓之茶百戏。""馔茶而幻出物像于汤面者，茶匠通神之艺也。沙门福全生于金乡，长于茶海，能注汤幻茶，成一句诗，并点四瓯，共一绝句，泛乎汤表。小小物类，唾手办耳。檀越日造门求观汤戏，全自咏曰：'生成盏里水丹青，巧画工夫学不成。欲笑当时陆鸿渐，煎茶赢得好名声。'"南宋杨万里的《澹庵坐上观显上人分茶》对此也有过精彩描述："分茶何似煎茶好，煎茶不似分茶巧。蒸水老禅弄泉手，隆兴元春新玉爪。二者相遭兔瓯面，怪怪奇奇真善幻。纷如擘絮行太空，影落寒江能万变。银瓶首下仍尻高，注汤作字势嫖姚。不须更师屋漏法，只问此瓶当响答。紫微仙人乌角巾，唤我起看清风生。京尘满袖思一洗，病眼生花得再明。汉鼎难调要公理，策勋茗碗非公事。不如回施与寒儒，归续茶经传衲子。"

宋与辽、金南北对峙的局面一直存在，直到元朝一统。文化的力量是巨大的，三百多年间，北方少数民族在与中原文化的长期交流融合中，慢慢为中原文化所影响，元朝遂模仿唐宋的官制、礼制治理国家，从而向化中原。自然，饮茶风俗也随之流传了过去，我们在辽、金壁画中可窥一斑。河北宣化辽墓壁画备茶图中，左边小童子正在用茶碾碾茶，其身旁地

↓ 河北宣化辽墓壁画　备茶图　　　　　　　↓ 河北宣化辽墓壁画　点茶图

面有托盘，托盘上置茶饼一枚。另外一小童双膝跪地吹火。莲花托座炉上置一煮水汤瓶，右边一髡发青年男子作欲取汤瓶状。青年的身后有一方桌，桌上有茶碗、执壶、刷子、茶匙、食盒等物。烹茶人物各司其职，各种茶事用具一应俱全。点茶图中，二侍者正在点茶。左侧侍者一手托茶盏，一手用茶匙击拂。右侧侍者手持黄色执壶向盏内注水。方案上有盏、托，案下有一圆形五足炭火炉，炉上置一黄色执壶。

金代壁画中，桌上有执壶一把，托盏一副。画面左边男子手捧已点好茶汤的托盏，扭头看着右边男子，口微张，仿佛是在催促伙伴。右边男子左手端盏，右手正用茶筅在盏中回环击拂。

宋代制茶工艺和饮茶方式的改变使得饮茶之器也相应发生了变化。唐代陆羽规定煎茶为二十四器，北宋蔡襄就点茶器皿在其《茶录》中记载了茶焙、茶笼、砧椎、茶钤、茶碾、茶罗、茶盏、茶匙、汤瓶九种茶器，

↑金代　山西汾阳金墓壁画　点茶图

比唐代少了十五种，其中变化最大的是增加了有盖子的汤瓶。汤瓶亦称执壶，其原型是被称作注子的唐代酒器。唐代注子流短且口粗，腰身饱满，有着唐人以胖为美的圆润风貌。入宋之后，唐注子经过宋人的调整变成了流长而口细、身材精致而婀娜的模样，这种改变可以更好地控制手持执壶注汤点茶时出水的力度、速度与角度。正如宋徽宗的《大观茶论》所说："注汤利害，独瓶之口嘴而已。嘴之口差大而宛直，则注汤力紧而不散；嘴之末欲圆小而峻削，则用汤有节而不滴沥。盖汤力紧则发速有节，不滴沥，则茶面不破。"

　　蔡襄著毕《茶录》218年后，南宋一位名叫审安老人的用图谱形式著了一本名为《茶具图赞》的书。作者将宋代盛行的十二种点、斗茶器物绘

← 唐　越窑青釉瓜棱注子　中国国家博物馆藏

← 南宋　青白釉印花注子　中国国家博物馆藏

制成图，称之为"十二先生"。审安老人依据每位先生在饮茶流程中的功用，以宋代官制为其赋名并赞，这十二位先生分别是：韦鸿胪、木待制、金法曹、石转运、胡员外、罗枢密、宗从事、漆雕秘阁、陶宝文、汤提点、竺副帅、司职方。绘录如下：

韦鸿胪

韦鸿胪，生火焙茶之竹器。赞曰：祝融司夏，万物焦烁，火炎昆岗，玉石俱焚，尔无与焉。乃若不使山谷之英堕于涂炭，子与有力矣。上卿之号，颇著微称。

木待制

木待制，碎茶工具。赞曰：上应列宿，万民以济，禀性刚直，摧折强梗，使随方逐圆之徒，不能保其身，善则善矣，然非佐以法曹、资之枢密，亦莫能成厥功。

金法曹，碾茶为末。赞曰：柔亦不茹，刚亦不吐，圆机运用，一皆有法，使强梗者不得殊轨乱辙，岂不韪欤。

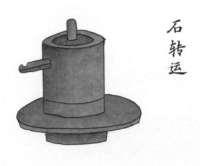

石转运，磨茶为末。赞曰：抱坚质，怀直心，啐嚅英华，周行不怠，斡摘山之利，操漕权之重，循环自常，不舍正而适他，虽没齿无怨言。

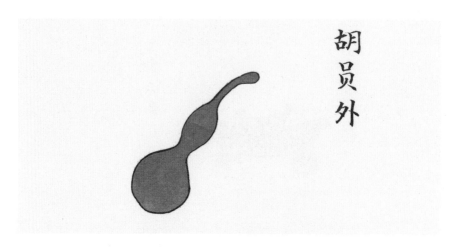

胡员外

胡员外，葫芦所制取水器。赞曰：周旋中规而不逾其间，动静有常而性苦其卓，郁结之患悉能破之，虽中无所有，而外能研究，其精微不足以望圆机之士。

罗枢密

罗枢密，罗筛茶末。赞曰：几事不密则害成，今高者抑之，下者扬之，使精粗不至于混淆，人其难诸。奈何矜细行而事喧哗，惜之。

宗从事，清扫工具。赞曰：孔门高弟，当洒扫应对事之末者，亦所不弃，又况能萃其既散、拾其已遗，运寸毫而使边尘不飞，功亦善哉。

漆雕秘阁，漆雕盏托。赞曰：危而不持，颠而不扶，则吾斯之未能信。以其弭执热之患，无坳堂之覆，故宜辅以宝文，而亲近君子。

陶宝文

陶宝文，有条纹的茶盏。赞曰：出河滨而无苦窳，经纬之象，刚柔之理，炳其绷中。虚己待物，不饰外貌，位高秘阁，宜无愧焉。

汤提点

汤提点，注水点茶之器。赞曰：养浩然之气，发沸腾之声，中执中之能，辅成汤之德，斟酌宾主间，功迈仲叔围，然未免外烁之忧，复有内热之患，奈何。

竺副帅

　　竺副帅，竹制茶筅。赞曰：首阳饿夫，毅谏于兵沸之时，方金鼎扬汤，能探其沸者几稀！子之清节，独以身试，非临难不顾者，畴见尔。

司职方

　　司职方，清洁茶器的布巾。赞曰：互乡之子，圣人犹与其进，况瑞方质素，经纬有理，终身涅而不缁者，此孔子所以与洁也。

在唐代，陆羽对饮茶器的审美标准是"碗，越州上""邢州瓷白，茶色红；寿州瓷黄，茶色紫；洪州瓷褐，茶色黑；悉不宜茶"。"越瓷类玉"，"越瓷青而茶色绿"，"青则益茶"。发源于新石器时代早期而绵延至今的"玉文化"是中国的传统文化，寓德于玉，以玉比德，是玉文化的精神内涵，是中国传统美学的基石。我们生活中很多美好的词汇都与玉有关，比方说亭亭玉立，佳人如玉，玉成此事。东汉许慎说："玉，石之美者，有五德。润泽以温，仁之方也；鰓理自外，可以知中，义之方也；其声舒扬，专以远闻，智之方也；不挠而折，勇之方也；锐廉而不忮，絜之方也。"中国现代哲学家、美学大师宗白华曾说："瓷器就是玉的精神的承续与广大。"有着儒家思想的陆羽推崇"类玉"的越窑是很自然的。茶碗颜色的青、黄、黑是由胎釉中铁元素的含量决定的，铁元素在胎釉中含量的高低就会导致烧出的瓷器呈不同的颜色，若胎釉中铁元素的含量很低，就会烧出白瓷；铁元素含量在 3% 以下，低温状态下会烧出黄瓷，高温条件下会烧出青瓷；铁元素含量超过 5%，会烧成黑瓷。举例来说东汉青瓷的三氧化二铁含量是 1.64 %，唐代巩县白瓷三氧化二铁含量为 0.57%，五代时景德镇梅盛亭白瓷中三氧化二铁含量为 0.25%—0.43%，宋代定窑白瓷三氧化二铁含量为 0.96%。福建水吉镇所制黑色建盏的含铁量则超过了 9%。

为什么茶碗的颜色要"青"才能"益茶"呢？这是因为在唐代，茶叶蒸青之后被制作成了饼茶，在煎煮茶叶之前，要把茶饼在火上炙烤，其后碾碎煎茶。火中炙烤、沸水煎煮都会导致茶叶氧化进而生成部分茶黄素、茶红素，因此煎好的茶汤颜色为红色或淡红。这一点陆羽在《茶经》中写得很清楚："茶作白红之色。"蒸青绿茶的茶汤却出现了"白红之色"，这是很令人尴尬的。在"白红之色"的茶汤面前，"邢州瓷白，茶色红；

↑ 宋　建窯黑釉兔毫盞　台北故宮博物院藏

寿州瓷黄，茶色紫；洪州瓷褐，茶色黑，悉不宜茶"。陆羽以目视碗中茶汤呈绿色为美，故用青瓷，以其色青遮住绿茶被氧化之后的红汤，让茶汤看起来呈现绿色。

及宋，青瓷已经不能够准确表达点茶的汤色之美了，转而出现了蔡襄《茶录》所述的"茶色白，宜黑盏"的茶器——建盏。蔡襄说："建安所造者，绀黑，纹如兔毫，其坯微厚，熁之久热难冷，最为要用。出他处者，或薄或色紫，皆不及也。其青白盏，斗试家自不用。"宋徽宗在其《大观茶论》说："盏色贵青黑，玉毫条达者为上，取其焕发茶采色也。底必差深而微宽，底深则茶宜立，易于取乳；宽则运筅旋彻不碍击拂。然须度茶之多少，用盏之大小。盏高茶少，则掩蔽茶色，茶多盏小，则受汤不尽。盏惟热，则茶发立耐久。"茶汤色白，所以选与之形成对比色的黑盏，黑盏色深而衬得乳花分明。盏应胎体略厚（宜保温），深浅得当（宜取乳），宽窄适宜（宜运筅发茶）。宋代点茶之盏基本为敛口或束口的器型，这类盏之口沿微微内收，能够很好地防止回环击拂时茶汤的外溢。

宋人项安世的《以琴高鱼茶芽送范蜀州》写道："欲乘赤鲤惭仙骨，自瀹霜毫爱乳花。"陆游的《入梅》写道："微雨轻云已入梅，石榴萱草一时开……墨试小螺看斗砚，茶分细乳玩毫杯。"这里的"毫杯"、"霜毫"即宋代点茶时常用饮器建盏中的一个品类兔毫盏。

建盏出自今福建省南平市建阳区水吉镇，其因地而得名，建窑也称水吉窑。在宋代，该窑口以烧制黑釉瓷碗、盏的茶具而著名。建盏俗称"铁胎""黑建"，其颜色青黑是因为建盏的胎体含铁量很高，以兔毫盏为例，其胎体中氧化铁含量高达9%以上，在高温烧造时胎体中部分铁质还会融入釉中。作为主要着色剂的铁在胎釉中所占比例高达5%—6%。在烧制的过程中，釉层里的气泡将其中的铁质带到了釉面，高温下，釉层流

↑ 福建南平水吉镇建窑遗址

动，富含铁的部分就流动成了条纹，待窑温冷却，呈现出由赤铁矿或磁铁矿小晶体形成的多种不同形状的纹路，其中以兔毫、油滴、曜变名气最大。在高温下形成的四氧化三铁的微细晶体具有弱磁性，这种弱磁性能够软化水，使得茶汤的苦涩味道得到减弱。

除建窑外，宋代很多窑口为了迎合当时的斗茶风气，都做了黑釉瓷器，比较突出的有吉州窑所出之黑釉茶器。吉州窑的瓷器很有特点，它是在器胎上用树叶或者剪纸粘粘，然后施釉，烧成后形成花纹，这是宋瓷艺术的一大创新。

宋代茶盏贵"黑"，此为主流。但这并不妨碍宋人在饮茶时使用其他材质、颜色的茶器，宋代亦有青瓷、白瓷、青白瓷、金银铜铁等材质所制

↓ 南宋　吉州窑　黑釉木叶纹茶碗　台北故宫博物院藏

↑ 金代　怀仁窑黑釉油滴斑碗　故宫博物院藏

茶器，就其品质来说，并不在黑釉盏之下。如北宋刘挚的《煎茶》写道："石鼎沸蟹眼，玉瓯浮乳花。"玉瓯即是青瓷茶盏。北宋李廌的《杨元忠和叶秘校腊茶诗相率偕赋》写道："须藉水帘泉胜乳，也容双井白过磁。"双井即洪州双井茶，其下注曰："江南双井用鄱阳白薄盏点鲜为上。"南宋陆游的《建安雪》写道："银瓶铜碾春风里，不忘来年行万里。"南宋周去非的《岭外代答》写道："雷州铁工甚巧，制茶碾、汤瓯、汤匮之属，皆若铸就。余以比之建宁所出，不能相上下也。"南宋周密的《癸辛杂识》亦有："长沙茶具精妙甲天下，每副用白金 300 星或 500 星；凡茶之具悉备，外则以大缕银合贮之。赵南仲丞相帅潭，以黄金千两为之。"

← 南宋　青白釉菊瓣纹印花盏
中国国家博物馆藏

← 南宋　银鎏金茶托、盏、盘
美国大都会艺术博物馆藏

　　宋代，制瓷技术越发精湛、技法也随之丰富，窑场更加广泛。地域特色鲜明的北方磁州窑、耀州窑同南方的龙泉窑、景德镇窑同场竞技。天青葱绿的汝窑，古典雅洁的官窑，米色开片的哥窑，乳光焰红的钧窑，白釉印花的定窑，这驰名中外的五大名窑更是令中国瓷器的艺术成就空前绝后。

←北宋　汝窑　天青釉碗
故宫博物院藏

←南宋　官窑　粉青釉盏托
故宫博物院藏

↑南宋　哥窑　灰青釉八方杯　故宫博物院藏

↑北宋　均窑　天青釉托盏　中国国家博物馆藏

↑ 北宋　定窑　白釉刻回纹盏托　故宫博物院藏

　　在宋人全民沉浸于建盏点茶、分茶百戏的欢快时，一件改变世界陶瓷历史进程的大事悄然发生了。南宋末年，江西景德镇的陶工们在东河流域发现了高岭土，陶工们将粉碎洗选过的瓷石按一定比例与高岭土混合，制备瓷胎，这就是历史上有名的"二元配方"。高岭土中三氧化二铝的含量很高，耐火度在1700℃以上，被称为瓷器的骨头。用二元配方制出来的瓷器白度高、色泽美、硬度大，一举改善了其时瓷器的品质，这是具有划时代意义的大事件，它意味着中国古代瓷业即将迎来巅峰，茶器亦将攀之而上。

↑ 江西景德镇高岭村　白色物质为露出地表的高岭土原矿

自取山，日本茶始经径，日本茶道

日本茶道是吸收了中国唐、
宋的禅茶思想及茶礼，
部分兼收了儒家的和与敬，
突出了禅宗的苦与寂，
又结合日本本民族宗教、
美学等诸多文化元素后逐渐形成的。

径山风光

茶文化史上，"茶道"一词最早是由身在释门，心融儒道的唐代诗僧皎然大师提出的，皎然为中国茶道的开山之人。在其《饮茶歌诮崔石使君》一诗中，皎然首次提出了"茶道"这一概念，并且高度肯定了道人丹丘子识得茶之真谛进而得葆素全真之果："此物清高世莫知。""孰知茶道全尔真，唯有丹丘得如此。"丹丘即陆羽《茶经》转录《神异记》中所载叫作丹丘子的道人："余姚人虞洪，入山采茗，遇一道士，牵三青牛，引洪至瀑布山，曰：'予丹丘子也。闻子善具饮，常思见惠。山中有大茗，可以相给，祈子他日有瓯牺之余，乞相遗也。'因立奠祀，后常令家人入山，获大茗焉。"在《饮茶歌送郑容》中皎然接着说："丹丘羽人轻玉食，采茶饮之生羽翼。名藏仙府世空知，骨化云宫人不识。"这个故事

↓ 宋　龙泉窑青瓷斗笠盏　台北故宫博物院藏

体现了道家对自然之趣的追求，亦即老子《道德经》所云"人法地，地法天，天法道，道法自然"之天人合一的哲思。与李商隐齐名，时称"温李"的唐代著名诗人温庭筠于《西陵道士茶歌》中言："仙翁白扇霜鸟翎，拂坛夜读黄庭经。疏香皓齿有余味，更觉鹤心通杳冥。"可见，中国的茶道在诞生之初即契合了本土道教清静无为、返璞归真之理念。

皎然对丹丘子的肯定是建立在自己"一饮涤昏寐，情来朗爽满天地；再饮清我神，忽如飞雨洒轻尘；三饮便得道，何须苦心破烦恼"这三碗神思相连的茶饮基础之上的，即已然明心见性、禅茶一味的基础之上的。皎然亦首次将"去痰热、止渴、利小便，消食下气，清神少睡"的农产品茶饮带入了滋养性灵的精神世界，这也直接促使了晚唐卢仝《走笔谢孟谏议寄新茶》一诗中最精彩部分"七碗茶歌"的诞生。七碗茶环环相扣，把饮茶的精神世界作了完美动人的诠释。日本人对卢仝推崇备至，常常将之与"茶圣"陆羽相提并论。

让唐代"茶道大行"的陆羽三岁被僧人收养，长于佛寺，对佛事耳濡目染，后离寺入伶门，终了从士。陆羽为人重友谊，《新唐书》记载："（陆羽）闻人善，若在己；见有过者，规切至忤人……与人期，雨雪虎狼不避也。"陆羽一生交友无数，除"与吴兴释皎然为缁素忘年之交"，与颜真卿、黄甫冉、张志和等官员、隐者往来密切外，还与著名的女道士李秀兰熟识。陆羽的思想由儒释道三家并汇而偏儒。在《陆文学自传》中，陆羽曾说："始三岁……育于大师积公之禅院……积公示以佛书出世之业。予答曰：'终鲜兄弟，无复后嗣，染衣削发，号为释氏，使儒者闻之，得称为孝乎？羽将校孔氏之文可乎？'公曰：'善哉！子为孝，殊不知西方之道，其名大矣。'公执释典不屈，予执儒典不屈。"安史之乱时，山河破碎，人民流离，陆羽"行哭涕泗"，于悲愤中写就了忠君忧民

↑ 黑色油滴盏

的《四悲诗》："欲悲天失纲，胡尘蔽上苍；欲悲地失常，烽烟纵虎狼；欲悲民失所，被驱若犬羊；悲盈五湖山失色，梦魂和泪绕西江。"在《茶经》中，陆羽更多地表达出了儒家的人格思想，《茶经·一之源》即开宗明义地提出茶之"为饮最宜精行俭德之人"，这与儒家看重君子的品德修养高度一致。

公元 607 年，日本遣隋使小野妹子出使中国，并受到了隋炀帝的接见，由是拉开了中日官方文化交流的大幕。其后大唐灭隋建国，日本为了学习中国文化，先后向唐朝派出二十多次遣唐使团，规模之大、时间之久、内容之丰富实为中日文化交流史上的盛举。遣唐使对推动日本社会的发展、促进中日友好交流做出了巨大贡献。遣唐使团内的很多成员各自担任不同的工作，通过对各自领域地学习，为日本回输了唐朝律法、制度、历法、习俗，及汉文、诗赋、书法、绘画、雕塑、音乐、舞蹈等艺术门类，经消化改造后融于日本民族文化，对日本的政治、经济诸多方面产生了深远影响。公元 780 年陆羽《茶经》问世后，茶文化开始在唐代社会风行，茶自然也为来华的日本人所接触。在这些人当中有一部分人很特殊，即日本的留学僧人，正是他们起到了把大唐饮茶之风带回日本的作用，由此中国的饮茶文化走上了东渡之路。

论及唐代茶文化向日本的传播，不得不提的是最澄、空海、永忠三位僧人。先从最澄和尚谈起，公元 804 年，日本天台宗的开创者最澄来华。第二年最澄返回日本，在把大量佛经带回日本的同时也带去了中国天台山的茶种，并把它们植于京都的日吉神社，这是日本最早的茶园。跟最澄同船来唐的还有一位高僧叫空海，他是日本真言宗的创立者。空海在长安学习佛法，并学会了中国的制茶及饮茶方法。公元 806 年，空海归国，除了带回经书、法器等物亦带了中国的茶籽，并将之献给了嵯峨天皇。其后空海与茶相伴度过了自己的余生，在此期间他大力向周围的友人及官员推荐茶饮。永忠和尚是在公元 775 年来到唐朝学习的，他在长安西明寺一住就是 30 年，于公元 805 年回到日本。回国后永忠除管理佛事外，还自行植茶、制茶。815 年，在其掌管的寺院中，永忠循唐法亲手为嵯峨天皇煎茶。天皇的支持加上这些著名僧侣的推广，中国的茶叶及饮茶方法在弘仁年间植根于日本，并在其时形成了一股"弘仁茶风"。

其后的近二百年间，中日两国减少了交流往来，茶事交流活动亦基本停滞，此状况一直持续到南宋时日本荣西和尚来华。荣西为研究禅法，两度入宋学法，于 1191 年回到日本。这次回国，荣西将南宋的禅法及饮茶文化带回日本，开创了日本临济宗，并植茶于平户。七十四岁时，荣西著日本第一部茶书《吃茶养生记》。《吃茶养生记》的重点不是讲述禅茶与茶道，而是着重在论述茶的药理性能，主旨是养生，但这不妨碍其成为

← 宋代 "喫茶去"茶碗
娄底娄星区文物管理所藏

日本茶道形成发展过程中的一座里程碑。日本人接触和饮用茶是从实用这一前提开始，才逐渐发展出今天的茶道。日本镰仓幕府官修的编年体史书《吾妻镜》记述，大将军源实朝饮酒过度身体不适，家人吏仆方法用尽一筹莫展。适逢荣西到来，荣西见状立即命人取茶，亲自为将军点茶一碗。将军饮后酒意全消，吃惊于此为何物，荣西答此物为茶。随后荣西献上《吃茶养生记》，并向将军历数吃茶的诸多益处。将军大喜，遂力举茶饮于朝。自此《吃茶养生记》与南宋饮茶之法在日本得以普及，茶风日盛。荣西在日本被尊为"茶祖"。

前文我们已经提及在唐代禅寺饮茶之风即已盛行。如泰山灵岩寺的"降魔师"煎茶，赵州从谂禅师的"吃茶去"，尤其百丈怀海设立的《百丈清规》倡导"一日不作，一日不食"的"农禅"思想将僧人植茶、制茶纳入农禅内容，将僧人饮茶纳入寺院茶礼，如此制度下茶饮在寺院进一步普及开来，并逐渐发展出鉴水、选茶、煮茶、饮茶之技艺以及对饮茶环境的讲究。进入宋代，此风日盛，饮茶已经成为寺院生活不可或缺的一部分。《景德传灯录》记载："晨朝起来，洗手面盥漱了，吃茶；吃茶了，佛前礼拜；佛前礼拜了，和尚主事处问讯；和尚主事处问讯了，僧堂里行益；僧堂里行益了，上堂吃粥；上堂吃粥了，归下处打睡；归下处打睡了，起来洗手面盥漱；起来洗手面盥漱了，吃茶。吃茶了，东事西事；东事西事了，斋时僧堂里行益；斋时僧堂里行益了，上堂吃饭；上堂吃饭了，盥漱；盥漱了，吃茶。吃茶了，东事西事……"北宋黄山谷有诗戏僧："不与一瓯茶，眼前黑如漆。"宋时的《禅苑清规》更是细化了丛林茶礼，从禅僧入院挂搭、离院，念诵到四节茶会都离不开茶礼。南宋时径山寺名声大噪，径山茶礼使茶成为体正禅法、接待云水的助缘，并以修行赋予了茶"三千威仪"的摄受力。其后径山茶礼传至日本，成为日本茶道

↑ 径山寺

的源头。

　　径山位于杭州城西北五十公里，是天目山脉的东北峰，因径通天目故而得名。北宋苏东坡这样描绘径山："众峰来自天目山，势若骏马奔平川。" 径山之上有始建于唐代的径山寺，唐天宝年间，僧人法钦在此开山结庵，成为径山寺的开山鼻祖。径山在唐代便开始植栽茶树、制作茶叶，以鸠坑群体种为原料的我国传统名茶——径山茶即产自此。径山寺在宋代被列为"江南五山十刹"之首，在中日佛教乃至中日文化交流史上，径山寺有非常重要的地位。自荣西之后还有两个中日茶文化交流史上的重要人物，他们就是南宋时来华学法并把对日本茶道予以深远影响、代表中国禅茶文化的径山茶礼传回日本的圆尔辨圆与南浦绍明。

↑ 径山鸠坑群体种茶青

圆尔辨圆、南浦绍明是日本静冈同乡，二人先后赴宋，在径山寺分别师从无准师范、虚堂智愚法师学习。圆尔辨圆在1241年、南浦绍明在1267年先后回国。圆尔辨圆带回了径山茶的种子，将其种在了他的老家静冈，并且教会了那里的人们种茶、制茶，生产出了高档次的日本抹茶。他在东福寺制定了《东福寺清规》，其中就有效仿径山茶宴仪式的茶礼。这套茶礼一传就是700多年，直到现今。

南浦绍明带回七部茶典及点茶器具一套，《本朝高僧传》记载："南浦绍明由宋归国，把茶台子、茶道具一式带到崇福寺。"《类聚名物考》记载："茶道之起在正元中……崇福寺开山南浦绍明由宋传入。"与此同时，很多到径山寺学法的日本僧侣回国时，都把中国烧造的黑色釉盏带回来。这些茶盏在当时点茶之风大兴的日本被奉为珍宝，人们争相收藏。由于径山寺地处天目山，亦称天目山径山寺，所以这些被带回国的黑色茶盏就自然被日本人称作天目盏。自此，"径山茶宴"暨中国禅院茶礼系统地传入日本，并逐渐演化为日本茶道，成为日本幕府、高层社会的仪节。其后，日本茶道在村田珠光、武野绍鸥、千利休手中相继传承，至千利休，日本的草庵茶道全面形成。

于茶事来讲，一些缺乏专业知识的人因看到日本茶道中尚留有中国很少见到的唐宋茶道遗风，就大肆散布"中国茶道早已断代""中国茶道在日本"这类荒唐之论。殊不知，唐代的煎茶道与宋代的点茶道，只是中国茶道的起始与初展，只是中国茶文化历史进程中的两段风景，不过是自明代起趋于式微而逐渐自然消亡罢了。这些中国古已有之的东西在当今社会饮茶生活中之所以基本见不到，不是因为茶文化的断代，而是因为茶在沿着删繁就简、趋于自然、科学合理这一历史车辙前进的必然结果。如果我们仅仅停留在唐煎宋点的饮茶模式下，就不会有元代的揉捻工艺、明代的散茶瀹泡，更不会有清代白、绿、黄、青、红、黑六大茶类的缤纷绽放。

日本茶道是吸收了中国唐宋的禅茶思想及茶礼，部分兼收了儒家的和与敬，突出了禅宗的苦与寂，又结合日本本民族宗教、美学等诸多文化元素后逐渐形成的。日本茶道需用严格详细的行茶方式与礼仪规范通"道"，偏重方法器具与仪轨程式，茶在其中充当的只是一种修行媒介。在日本，技或术的东西都可以称之为"道"，如花道、柔道，这与中国茶道的内涵是大不相同的。明代文人高濂在《四时幽赏录》中说："每春当高卧山中，沉酣新茗一月。"中国人之浸于茶中，如山水造化，适意随性，无牢不可破之程式。藉茶，人可神游宇宙，清思亘古。

在中国，茶道是物质与自然的统一，是社会伦理观念的体现，是茶与人的自然交融。中国茶道兼容并蓄了儒、道、佛之思想，儒家的"无所为而为"让我们拿得起，道家的"无为而无不为"让我们放得下，佛家的"禅茶一味"让我们看得开。于此道中，令人领略的是"星垂平野阔，月涌大江流""情来朗爽满天地""更觉鹤心通杳冥"之人与自然和谐相契的绝妙感受。我老早前始终没想明白日本的茶文化有儒有佛，为何单单没学去中国的道家精神？多年后的某天豁然开朗，位于地震带上的海岛国家，只能勤奋入世与天抗争，怎么领会得了中国本土道家"退一步海阔天空"之意境呢。

今人不见古时月，
今月曾经照古人。

粗茶淡饭皆得乐，
你骑宝马我骑驴。

心地清净方为道，
退步原来是向前。

易混淆，
器清
饮器易
混清
茶酒器
分清

很多朋友在习茶的时候，

经常把作为温酒器的注壶错

认成是点茶器的执壶，

此实大谬。

说起唐宋时期茶器，很多喝茶的朋友可能都有一个感觉，那时有些酒器、茶器不好区分，容易混淆。那么其时饮酒、饮茶的器皿如何区分呢，下面就我个人经验略述一二。

先看一下碗、瓯、盏这几个常见饮器的概念。碗，古作"盌"。《辞源》释碗："《方言》：'盂，孟、宋、楚、魏之间或谓之盌'。"《方言》："无足椀谓之盂。"碗即有圈足之盂。《汉代物质文化资料图说》讲道："无耳的圆形小饮器，腹有收分，器壁有弧度，且有矮圈足，则应称为盌。"那么酒碗跟茶碗怎么区分呢？一般来讲，喝茶的碗其碗身近斜直壁，碗底中心面积小，碗口多为敞口；饮酒的碗其碗身弧度大，碗底中心面积大，近碗口处多为曲线，有些碗口为花口。

瓯最早为饮食器，《辞源》释瓯："盆盂类瓦器。《淮南子·说林训》：'狗彘不择甂瓯而食'。"瓯的体积小于碗，陆羽的《茶经》特别赋予越窑青瓷瓯为专用饮茶器，"瓯，越也；瓯，越州上，口唇不卷，底卷而浅，受半升以下。"这标志着最早的专用饮茶器具——茶瓯在唐代中后期诞生了。《辞源》释盏："《方言》：'盏，桮也。注：最小桮也。'"桮同"杯"。盏即小杯。晚唐至五代时茶盏出现了，苏廙所著的茶书《十六汤品》记载："且一瓯之茗，多不二钱，茗盏量合宜，下汤不过六分。万一快泻而深积之，茶安在哉？"于文中可见，其时瓯与盏有通用现象，由此可知瓯与盏大小类似。白居易的诗《萧员外寄新蜀茶》记瓯："蜀茶寄到但惊新，渭水煎来始觉珍。满瓯似乳堪持玩，况是春深酒渴人。"宋初苏轼亦曾用瓯饮茶，其《试院煎茶》有这样的描述："不用撑肠拄腹文字五千卷，但愿一瓯常及睡足日高时。"

下页图中唐代瓷碗规格为高4.2厘米，口径14.4厘米，宋代兔毫盏规格为高6.4厘米，直径11.7厘米。我们可以这样理解，从容积上来讲碗最

→唐　邢窑白釉玉璧足茶碗　台北故宫博物院藏

→宋　兔毫盏　纽约大都会艺术博物馆藏

↑ 五代　青瓷酒盏、托　湖州博物馆藏　　　　↑ 北宋　酒台子　龙泉市博物馆藏

大，瓯、盏略小。

再来说一下最容易搞混的酒台子与茶盏托。南宋《碎金》是一部小百科全书，其中《家生篇》记"酒器"如下："樽、榼，……台盏……觥、觞、大白。"这里的台盏即指酒台子与饮酒器。酒台子是承托饮酒器的盘子，盘底有足，在这个盘子的中心突起了一个小台作为承台，承台有承口，作用是合嵌饮酒器的圈足。宋人说水仙花是"金盏银台"，即是对此类酒器的形象比喻。

茶盏托是用来承托饮茶器的。一般来讲，茶器中的盏与盏托的咬合空间即自托表面凸起的环状承口内的部分其空间较深，这是五代末期盏腹开始加深的缘故，诚如清末许之衡《饮流斋说瓷》之论："以便承器而不虚其中者。"而酒器与酒台子结合面的咬合空间较浅。古往今来，日用器皿的造型均是以生活为依据并在实践中逐步改良而来的。

↑ 南宋　银鎏金茶盏托　纽约大都会艺术博物馆藏

↑ 辽代　黄釉花口茶盏托　河北宣化博物馆藏

　懂点茶器

古时，饮酒器放在酒台子上为古人执台进酒。《辽史·志第十九·礼志二》记载："翰林使执台盏以进，皇帝再拜。"元代《事林广记·拜见新礼》记载："主人持台盏，左右持瓶壶。"元杂剧《温太真玉镜台》有唱词："虽是副轻台盏无斤两，则他这手纤细怎擎将？……我欲说话别无甚伎俩，把一盏酒溹一半在阶基上。"饮酒时，饮者将酒器拿起饮用，此时酒台子和饮酒器是分开状态。酒台子上比较浅的嵌接空间正好容纳带有圈足的饮酒器，这是为了防止在执台进酒时饮酒器在台子表面滑动倾倒。

饮茶则不然，饮茶的时候要举托而饮。饮茶器与茶托是不能分离的，这是茶汤传热导致饮茶器烫手使然，茶托可以起到很好的隔热作用。北宋的《景德传灯录·松山和尚》有记："一日命庞居士吃茶，居士举起托子。"举托饮茶就需要饮茶器与茶托之间的嵌接空间要大、要稳。举托饮茶的习俗从宋代的文献中可以找到相关记录。南宋周密的《齐东野语》记

→ 明 钱谷 《秦淮冶游图》（局部）中国国家博物馆藏

载："凡居丧者，举茶不用托。虽曰俗礼，然莫晓其义。或谓昔人托必有朱，故有所嫌而然，要必有所据。宋景文《杂记》云：'夏侍中薨于京师，子安期他日至馆中，同舍谒见，举茶托如平日，众颇讶之'。又平园《思陵记》，载阜陵居高宗丧，宣坐、赐茶，亦不用托'。始知此事流传已久矣。"宋人遇到有丧事的时候"举茶不用托"，这就反映出人们日常饮茶一定是举托饮茶。宋人吴自牧《梦粱录》记载，宋人嗜茶，临安城内茶肆中卖茶所用茶具"止用瓷盏、漆托供卖。"

茶托，唐人也写成"茶拓"，此件茶托圈足内錾刻"大中十四年八月造成，浑金涂茶拓子一枚，金银共重拾两捌钱叁分。"

有关茶托的文字记载笔者看到的最早的文献资料出现在唐代。李匡乂撰写的考据辨证类笔记《资暇录》谈道："始建中蜀相崔宁之女，以茶杯

↓ 唐　鎏金莲瓣银茶托　中国国家博物馆藏

无衬，病其熨指，取碟子承之，抚啜而杯倾，乃以蜡环碟子之央，其杯遂定。即命匠以漆环代蜡，进于蜀相。蜀相奇之，为制名而话于宾亲。人人为便，用于代是。是后传者更环其底，愈新其制，以至百状焉。"南宋程大昌亦在《演繁露》中转述此事："托盏始于唐，前世无所有也。崔宁女饮茶，病盏热熨指，取碟子融蜡像盏足大小而环结其中，置盏于蜡，无所倾侧，因命工髹漆为之。宁喜其为，名之曰托，遂行于世。"

唐建中年间（780—783），蜀相崔宁的女儿喝茶时常常被茶水烫到手指。小姑娘很聪明，想了个办法，她把茶杯放在小碟子上做参照，让仆人把蜡烧热了，沿着茶杯底足滴蜡于碟中，冷凝后形成一个圈状，再把杯子放进圈里，这样杯子就倒不了了。可是用蜡做的毕竟不结实，又嘱咐工匠做了一个有环状承口的木质漆托，于是茶托问世了。其后姑娘把这件事告诉了父亲崔宁，崔宁一看很惊喜，因为是托举着茶杯饮茶，他就给这东西起了一个名字叫作"托"，并且与喜茶的亲朋好友分享。大家都认为这个小配件实用、方便，茶托很快就流行于世了。

笔者认为崔小姐发明茶托这个事情可信，可以于《茶经》推证。陆羽的《茶经》成书于公元780年，《茶经》中对茶托的记载见不到一个文字，这个现象很奇怪。一条"巾"、一根"夹"陆羽都不吝文字作了详细的表述，所以他不可能对这么重要的一个茶器"托"不做任何记录。合理的解释是，陆羽《茶经》没有记载茶托很可能是与当时饮茶器茶瓯的体积大有关，给"受半升已下"的茶瓯再加个托，那喝起茶来就太沉了，太不方便，故《茶经》面世时还未有茶托。上页图唐代浑金茶拓子于唐大中十四年即公元860年制，此时间点亦符合茶托出现的历史节点，可为物证。

故宫博物院官网在介绍宋代官窑青釉盏托时有如下文字："盏托敛口，弧形腹，托盘边沿宽大，圈足外撇。内外施满釉，釉色莹润，开有冰

↑ 宋　官窑青釉盏托　故宫博物院藏

裂纹片。此盏托造型别致，釉面晶莹类玉，为清宫旧藏宋代官窑器，传世极少，弥足珍贵。盏托是由耳杯承盘发展而来，始制于东晋，南北朝时已较流行，唐代随着江南地区饮茶风俗的盛行，产量有所增加。五代末期，盏腹加深，托变高，美观实用。宋代盏托式样繁多，南北瓷窑无不烧制，托口较前显著增高，颇具特色。"

　　我在第三章谈汉代饮器时提到过耳杯，资料显示，东汉人在用耳杯饮酒时已经出现了托与杯的配合使用。洛阳博物馆藏的一副东汉壁画中，有一对夫妇正在宴饮，男人的身旁放着一个承盘跟几只耳杯，他的左手里捏着一个小托盘，小托盘的上面放着一个耳杯，这应是茶托置盏的先声。今天的很多器物都是在历史进程中经过不断演化从而来匹配人

← 东汉　夫妇宴饮壁画　洛阳博物馆藏

们日常生活的。

明朝末年，"闵老子茶"的开创者花乳斋主人闵汶水以酒盏待客，首开酒盏做茶杯之风，继而承托酒盏之托盘自然而然地变成了茶托，其特点是无高出盘面的环状承口。这时候的饮茶方式就同宋、辽举托饮茶不一样了，主人持托敬茶，饮茶人只取茶杯饮茶。这种茶托更多的承载了礼仪与装饰作用，它也是明、清茶船的前身。清末寂园叟在《陶雅》中讲："盏托，谓之茶船，明制如船，康雍小酒盏则托作圆形而不空其中。宋窑则空中矣。略如今制而颇朴拙也。"许之衡在《饮流斋说瓷》中亦讲："承杯之器，谓之盏托，亦谓之茶船。明制舟形，清初亦然。"

另外，很多朋友在学习茶器的时候，经常把作为温酒器的注壶错认成是点茶器的执壶，此实大谬。

↓ 清　青花八仙茶船　中国国家博物馆藏

↑ 河北宣化辽墓壁画　出行图

↑ 河北宣化辽墓壁画　备酒图

　　"出行图"壁画中，仆人头顶托盘中的器皿是宋辽时期的典型酒器注壶、温碗。

　　"备酒图"壁画中，一人正在将壶中刚刚温好的酒水注入另一人端着的酒碗中。

↓ 北宋　景德镇窑青白釉刻划缠枝
牡丹纹注壶、温碗　故宫博物院藏

↓ 辽　八棱錾花银注壶、温碗、花口银杯
中国国家博物馆藏

中唐后温酒之风益盛，如白居易说："林间暖酒烧红叶。"盛酒的尊或盆体积大，若用它们直接放温热的酒，散热太快，于是人们就把温过的酒倒在酒注子里。《资暇集》记载："居无何，稍用注子，其形若罂，而盖、嘴、柄皆具。"为了保温，又把酒注子置于盛着热水的温碗中。此过程不是一蹴而就的，而是随着时间的推移在生活中逐渐形成的。

注壶、温碗，碗与壶是分离的。温碗当中置入热水以温壶内酒水。酒水温热后，取出注壶，注酒于杯。孟元老在《东京梦华录》中曾记北宋街头巷井流行的使用注壶、温碗情形："大抵都人风俗奢侈，度量稍宽，凡酒店中，不问何人，止两人对坐饮酒，亦须用注碗一副，盘盏两副，果菜碟各五片，水菜碗三五只，即银近百两矣。"

↓ 西安南里王村唐墓壁画　宴饮图

《周易·系辞》云："上古穴居而野处，后世圣人易之以宫室。"上古的人们穴居野处，后来的原始房屋为半地穴式，人们席地而坐、卧，使用陶器，器物全部放在地上。四千多年前出现了带足的低矮木案，用于盛放饮食器，此时的日用器皿普遍硕大。汉代以前，人们都是习惯席地而坐的，佛教传入中土后，垂足而坐始发端。魏晋至隋唐开始有高型家具出现，隋唐到五代时期是诸如椅子这类高型家具兴起的过渡期。在唐代还有"连榻"而坐的情况（见上页图唐墓壁画）。五代时，使用高型家具、垂足而坐已经成为人们的起居习惯。我们将唐墓壁画《宴饮图》和五代顾闳中的《韩熙载夜宴图》中的桌、椅、凳、床等进行对比，可以非常明显地看到这一生活现象。入宋后，高型家具则完全普及开来。

↓ 五代　顾闳中　《韩熙载夜宴图》（局部）

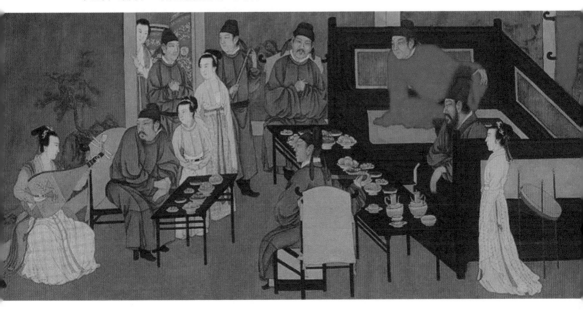

垂足而高坐就要求日常饮食器皿的体积比席地而坐时代器皿的体积要减小。社会的进步、生活的富足、审美的需求等多个方面的要求又使得此时饮器的器型渐渐由圆厚体型向修长方向发展。同时，为了减少器皿日常摆放、使用时对桌面的磨损，器皿底部由过去的平底无釉逐渐出现加有圈足且施釉的现象。茶器亦然。

↑ 唐　白釉玉璧底碗

↑ 五代　越窑青釉鸟式杯

↑ 北宋　兔毫盏

花世前
青世承明
元现茶启

"青花"是个富有
诗意的字眼，
准确地说它是一种
釉下蓝彩瓷，
或者叫"釉里蓝"。

↑ 春溪畔，一盏茶

"兴亡千古繁华梦,诗眼倦天涯。孔林乔木,吴宫蔓草,楚庙寒鸦。数间茅舍,藏书万卷,投老村家。山中何事?松花酿酒,春水煎茶。"这一参破世情、山野归隐的散曲,源出由宋入元的剧作家张可久的《人月圆·山中书事》。简陋的茅舍,但有诗书,喝着自酿的松花小酒,品着自煎的春水香茗,外表人宁心静,实则难掩灭国的哀伤。

宋亡元兴,中国历史上出现了第一次由少数民族建立的政权。《元史·舆服制》记载:"世祖混一天下,近取金宋,远法汉唐。"蒙古族在灭宋之前就已经开始了对中原管理制度和汉文化的学习,宋代边疆茶马交易一直存在,在没有进入中原之前,蒙古人就已经开始饮茶了。元朝建立之后,唐宋时期的茶文化也为蒙古人所继承和发展。元代王祯在其所著的《农书》中说:"夫茶,灵草也。种之则利博,饮之则神清。上而王公贵人之所尚,下而小夫贱隶之所不可阙,诚生民日用之所资,国家课利之一助也。"

元代是中国茶文化承上启下的时代,自唐宋以饼茶为主的煎、点饮茶法过渡到明代的散茶瀹泡法正是发生在这一时期。元代初期的饮茶方式与唐宋接近,煎、点均有。由金入元的契丹贵族后裔耶律楚材的《西域从王君玉乞茶,因其韵七首》中有:"红炉石鼎烹团月,一碗和香吸碧霞。"另有:"黄金小碾飞琼屑,碧玉深瓯点雪芽。"耶律楚材饮茶有煎有点,值得注意的是,他煎的茶还是传统团茶,但点的茶是碾碎的芽茶。元代虞集有诗句:"烹煎黄金芽,不取谷雨后。"及至比耶律楚材年龄小八十二岁的虞集那里已直接用芽茶来煎茶了,可见其时饮茶方式在逐步简化,这也为散茶的普及起到了良好的推动作用,为明代瀹泡法的兴起打下了基础。元末学士叶子奇笔记《草木子》写道:"民间只用散茶、各处叶茶。"其时散茶已经走入百姓生活。

↑ 茶山小景

　　宋元之际马端临编撰的典章制度史《文献通考》中记道："茗有片、有散，片即龙团旧法，散者不蒸而干之，如今之茶也。始知南渡以后，茶渐以不蒸为贵也。"这就是说在元代初期茶叶有饼茶、散茶两种外形，饼茶还是宋代蒸青工艺的龙凤团茶，散茶则是没有经过蒸青即炒青或晒青所制的茶，其时亦有蒸青散茶的存在，但不以其为贵。"南渡"指建炎南渡，靖康之变后康王赵构逃至江南即位，升杭州为临安府，改元建炎，南宋建立。

　　元代王祯的《农书·谷集十·茶》亦记："茶之用有三：曰茗茶，曰末茶，曰蜡茶。凡茗煎者择嫩芽，先以汤泡去薰气，以汤煎饮之，今南方多效此。然末子茶尤妙，先焙芽令燥，入磨细碾，以供点试。"《农书》中所提"茗茶"指的是煎饮用的芽茶散茶，即元代饮膳太医忽思慧在《饮

↑ 山西大同市冯道真元墓壁画《童子侍茶图》白描图

膳正要·卷二·诸般汤煎》中所讲的"清茶，先用水泡过，滤净，下茶芽，少时煎成"。

"末茶"指的是把茶芽蒸青后捣碎，再把捣碎的茶芽进行干燥，之后碾成细末状的干茶，用于点茶。《农书》记点茶时要"钞茶一钱匕，先注汤，调极匀，又添注入，回环击拂，视其色鲜白、著盏无水痕为度。"这种饮茶习俗在元代壁画中还能见到，山西大同市冯道真元墓壁画《童子侍茶图》、内蒙古赤峰元宝山元墓壁画《点茶图》是反映元代民间饮茶习俗的重要文物证据。

壁画描绘的是庭院中一头梳双髻、身着长袍的小童子端着托盏准备给主人进茶的场景。小童子身后方桌之上有叠放在一起的盏托、扣放在一起的瓷盏、盛放汤水的大碗，尤其引人注目的是一个带盖的瓷罐，上面贴着

← 元代 内蒙古赤峰元宝山元墓壁画 点茶图

写有"茶末"字样的纸条。

内蒙古赤峰壁画中绘有罩绿色桌布的长桌一张，桌上有小罐、双耳瓶、白瓷盏、黑茶托、大碗等器物。桌前侧跪一女子，左手持棍拨动炭火，右手扶着炭火中的执壶。桌后站立三人，右侧女子，手托茶盏；中间男子，双手捧壶正向左侧女子手中的碗内注水。左侧女子左手端一大碗，右手持一双筷子做搅拌状。

蜡茶是三者中的精品，"蜡茶最贵，而制作亦不凡。择上等嫩芽，细碾，入罗，杂脑子诸香膏油，调剂如法，印作饼子，制样任巧。候干，仍以香膏油润饰之。其制有大小龙团，带胯之异，此品惟充贡献，民间罕见之。始于宋丁晋公，成于蔡端明。间有他造者，色香味俱不及。"蜡茶的制作方法是因袭宋而来，但中间减去压榨出膏的环节，蜡茶之所以称之为"蜡"，是因为加工过的茶饼表面浸润了"诸香膏油"，看起来光滑如蜡。如此奢华的蜡茶在民间基本上是见不到的，均作为贡品入宫。

《武夷山志》记，元世祖忽必烈至元十六年（1279），浙江省平章政事高兴过武夷山时品尝了冲佑观道士所制武夷名丛石乳，觉得武夷山石乳茶不逊北苑之茶，制数斤以献元帝忽必烈，这是元代武夷山茶作为贡茶的开始。《武夷山志》注中记："王明府梓曰：'考建安北苑设官焙，自唐历宋，皆不涉武夷，以此山地隘，所产本无多也。初贡武夷茶者，为平章高兴'。"其后高兴的儿子高久奉诏在武夷山创建焙局，督造贡茶，称为御茶园。《元史·志第三十七》记元代设"建宁北苑武夷茶场提领所，提领一员，受宣徽院劄。掌岁贡茶芽。直隶宣徽。"看这个名称就知道此提领所管理的不仅是北苑茶场，还有武夷茶场。自武夷山官焙建立起，北苑茶场再无往日辉煌，逐渐式微。元代京官胡助有诗："武夷新采绿茸茸，满院春香日正融。"明末清初《闽小记》作者周亮工曾叹道："至元设场于武夷，并于北苑并称"，"今则但知有武夷，不知有北苑矣。"

王祯《农书·谷集十·茶》还另外记录了元代茗茶的吃饮法，即在茶汤中加入"胡桃、松实、芝麻、杏、栗"一并吃饮。以肉食为主的北方游牧民族尤其喜欢茶的消食解腻，建立辽朝的契丹人如此，建立金朝的女真族如此，元代的贵族更是如此。1330 年，饮膳太医忽思慧向朝廷进呈了自己撰写的一本书——《饮膳正要》，这是一本著名的饮食营养学专著。忽思慧在这本书中对元代宫廷的食疗经验及养生疗病诸事做了总结整理，书中记述了蒙古贵族宫廷饮茶时喜欢将米、面、奶、名贵药材、香料、酥油等一同入茶品饮的习俗，如"上等紫笋五十斤，筛筒净；苏门炒米五十斤，筛筒净；一同拌和匀，入玉磨内，磨之成茶"，"取净牛奶子不住手用阿赤打，取浮凝者为马思哥油，今亦云白酥油"，"兰膏，玉磨末茶三

福建武夷山马头岩茶区

匙头，面、酥油同搅成膏，沸汤点之。"

与此同时，茶饮在元代文人那里还被开辟出了返璞归真这一新的饮茶之风。元代，异族统治下的文人们遇到了前所未有的问题，他们中的绝大多数不为朝廷所用，很多人沦落到了社会底层。宋末元初谢枋得在其《叠山集》中言："我大元典制，人有十等：一官、二吏，先之者，贵之也，谓其有益于国也；七匠、八娼、九儒、十丐，后之者，贱之也，谓其无益于国也。"元末余阙说："小夫、贱隶，亦以儒者为嗤诋。"就连耶律楚材这样的知名人物在受到打击后也曾说："国家方用武，耶律儒者何用？"这种社会环境下，一部分文人选择了避世，他们隐迹山林，寄情自然，画山描水，古鼎清泉，赋诗品茶，以茶来冲开心中的郁结，于是对茶之真香真味的追求就成了元代文人品茶的不二选择。元代赵原《陆羽烹茶图》中，远山起伏，近水辽阔，古木茅屋。屋内一人坐于榻上，旁有童子正拥炉烹茶。人与天、与地、与水、与茶相融，构成了一个完美和谐的世界。表面上画家在描绘陆羽，实际反映的是其时元代茶人所追求的理想世界。画中诗赋写道："山中茅屋是谁家？兀坐闲吟到日斜。俗客不来山鸟散，呼童汲水煮新茶。"

汪炎昶，字懋远，时称古逸先生，于学无所不窥，得程朱性理之要。宋亡后汪隐于婺源山中，作《咀丛间新茶二绝》："湿带烟霏绿乍芒，不经烟火韵尤长。铜瓶雪滚伤真味，石磈尘飞泄嫩香。"其诗在点评煎、点茶损茶"真味"的同时，赞美了未经烟火的茶之"韵尤长"。元代文人返璞归真的茶趣取向直接影响了后世明清两代文人。清代张潮在为冒襄《岕茶汇钞》所作序时言道："古人屑茶为末，蒸而范之成饼，已失其本来之味矣。至其烹也，又复点之以盐，亦何鄙俗乃尔耶。夫茶之妙在香，苟制而为饼，其香定不复存。茶妙在淡，点之以盐，是且与淡相反。吾不知玉

↑元　赵原　《陆羽烹茶图》　台北故宫博物院藏

川之所歌、鸿渐之所嗜，其妙果安在也。"

　　相比宋代的精奢造作，元代的饮茶朴素多了，其环节简化、形式全面，煎茶、点茶、散茶冲泡、芼茶吃饮、酥油茶类均为其所用，普通百姓的生活中充满了茶香。元曲《百花亭·玉壶春》中说："早晨起来七件事，柴米油盐酱醋茶。"在豪放粗犷、不好繁文缛节的元人的影响下，时人对茶器的选择逐步走上了简单、易用之路。

　　需要特别提及的是，在元代，制茶工艺中的揉捻工艺出现了。王祯在《农书》中记道："采讫，以甑微蒸，生熟得所。蒸已，用筐箔薄摊，乘湿略揉之。"揉捻工艺的诞生，是制茶史上的里程碑事件，它的出现产生了三个巨大的作用：一、通过揉捻，令茶叶的条形紧实，有效缩小了散茶的体积，更加便于储存与运输；二、通过揉捻，导致茶叶内部细胞破碎，大大提高了茶叶内含物质的浸出率，为明代起散茶瀹泡法的大流行做好了

↑ 元代　龙泉窑　青釉带盖执壶 故宫博物院藏

铺垫；三、通过揉捻，为氧化、发酵程度更高的新茶类的出现提供了必要的技术准备。

　　唐煎、宋点，元代兼容并蓄，明代散茶瀹泡，历史上茶饮方式的不断改变亦带动了茶器的发展，这些改变、发展都是脱离不开社会变革、民生习俗这个大环境的。我们再来看看在元代，茶器又有了哪些新的气象。宋代盛行的青白釉瓷，以江西景德镇出品最为著名。因为青白瓷具有青、白二色，这与元代国俗尚青、尚白的风尚相同，受到了元人的重视，故此元人于灭南宋的前一年即 1278 年在景德镇设立了管理瓷器烧造的官方行政机构——浮梁瓷局。浮梁所在地位于现今景德镇城北，距市中心约六公里，即唐代白居易在《琵琶行》中所说"商人重利轻离别，前月浮梁买茶去"之浮梁。这里自古产茶，是有名的茶叶集散地。宋代烧造瓷器的胎料主要是瓷石一种，元代的青白瓷在前代烧造的基础上采用瓷石加高岭土的"二元配方"，提高了胎体的耐热性能，使得瓷器的变形率减少，成品率提高。宋代景德镇的窑温在1200℃左右，而到了元代窑温则达到了1280℃左右。在青白釉瓷的基础上，景德镇创烧出了卵白釉，即后世所谓的"枢府"瓷，卵白釉又为明代甜白釉的出现奠定了基础。南宋蒋祈在其《陶记》中言道："景德镇陶，昔三百余座。埏埴之器，洁白不疵。故鬻于他所，皆有'饶玉'之称。"随着烧造工艺的不断成熟、胎釉洁白度的不断提高，为瓷体彩绘图案得以完美呈现创造了条件，这就使得自元后中

↓ 元代　景德镇窑　卵白釉印花番莲纹碗　内壁印"枢府"款　台北故宫博物院藏

↑ 明　永乐　鲜红釉带盖僧帽壶　故宫博物院藏

↑ 元代　蓝色雾青釉单把杯　台北故宫博物院藏

国陶瓷的发展方向基本转入了对彩瓷的创掘。

元代的景德镇还创造了两种珍贵的颜色釉——蓝釉与红釉。蓝釉是以进口的高铁低锰钴料做呈色剂，红釉是用铜红料做呈色剂。由于红釉的烧成技术很难，不易掌握，所以传世器型很少。相对来讲，蓝釉的烧造技术要容易些，传世器物也比红釉多。僧帽壶是中国元代创制的壶式造型的瓷器，有着鲜明浓郁的少数民族风格，为僧人饮茶器具。其流似鸭嘴，鼓腹、曲柄，因壶口形似僧帽而得名，此器型的壶明清两代多有烧造。

13世纪初的蒙古人金戈铁马，对外东征西讨，多次征服中亚、西亚，由此开辟出了一条中西文化交流的新通道。元朝建立以后，大批的阿拉伯人、波斯人、穆斯林知识分子、商人通过丝绸之路源源不断地来到中国，他们的到来不仅为中国输入了西域的特色文化，同时也带来了一种瓷器的釉下彩绘材料"钴"，元人称其为"回回青"。同时，元初国内社会动荡使得北方的生产力受到严重削弱，因此人口大量迁徙到相对安定的南方。其时北方瓷匠的绘画能力都很强，一些身怀绘画技艺的北方瓷匠亦来到景德镇定居下来。于是尚青白的国俗、洁白的胎釉、蓝色的氧化钴、丰富的绘画技巧在景德镇被历史性地结合为一体，由此促使了中国陶瓷史上一个石破天惊的品种的出现——元代青花瓷。元青花是汉族文化、蒙古文化、西域波斯文化三者融合下的结晶，它一改宋瓷的自然美与含蓄美，转而追求奔放的人工美，它的诞生是中国陶瓷史上的又一里程碑事件。在考古报道中，唐宋也曾发现过青花瓷，但都是一些残片，几乎没有完整器，且它们的胎体釉料跟景德镇青花瓷的完全不一样，普遍观点认为是在元代才有了成熟的青花瓷。

"青花"是个富有诗意的字眼，准确地说，它是一种釉下蓝彩瓷，或者叫"釉里蓝"。其烧造过程是先用氧化钴作颜料在胎体上绘出纹路、图案，接着在其上加一层透明釉，然后入窑，在1300℃左右的高温下一次烧成。青花瓷的出现突破了以往青瓷、白瓷、黑瓷等瓷器的单一釉色，它发色稳定、成品率高、绘画题材丰富，其釉下彩不受酸碱腐蚀，且利于人体健康，因此得以大量生产。

元青花瓷器诞生之初的特点是器型巨大、纹饰组织繁密，带有典型的异域特征，不为汉族文人雅士接受。至明后，青花瓷器渐趋幽倩素雅，遂为时人喜爱。英国大维德中国艺术基金会藏有一对青花云龙纹象耳大瓶，这对瓶是英国人霍布逊1929年在北京购买后运回欧洲的。瓶上有铭："信州路玉山县顺城乡德教里荆塘社，奉圣弟子张文进喜拾香炉、花瓶一副，祈保合家清吉，子女平安。至正十一年（1351）四月，良辰谨记。"

← 元代　青花凤穿莲花纹执壶
故宫博物院藏

从这件有明确纪年文字的青花瓷算起，六百七十多年以来，青花瓷在瓷界一直名列前茅，广为民众喜爱。

几乎与元青花同一时期，元代还创烧了另一个制作难度更大的釉下彩瓷器——釉里红。釉里红是以铜为呈色剂，在还原的气氛中烧成。说它的制作难度大于青花瓷，是因为铜离子非常活泼，对温度非常敏感，温度稍高或稍低都会导致烧造失败。温度一高颜色就变成黑红，甚至消失，说句白话就是颜色烧飞了；温度一低会出现黑色或绿色。这就是历史上很难见到漂亮的釉里红瓷器的原因。元青花色冷，釉里红色暖，在元代，二者结合，又诞下了一个衍生品种——青花釉里红。

↓ 青花釉里红茶杯

综上所述，元代饮茶方式处在唐宋煎、点到明代散茶瀹泡的过渡阶段，煎、点、泡茶法并存，茶器多样，制茶、饮茶流程趋于简化。其时不为统治阶级所用的文人于生活中开始寻求茶的真香真味，返璞归真的茶风继而出现。在元代诞生的揉捻工艺为明清两代新茶类的诞生创造了条件。元代首现官方瓷器管理机构浮梁瓷局，景德镇制瓷工业开始使用"二元配方"。"二元配方"的使用令瓷器胎釉更加洁白致密，著名品种釉下青花和釉里红创烧成功，为其后明清两代彩瓷的发展繁荣打下了坚实基础。

瀹茶
代茶
明散 ，
茶器缤
纷现

明代中期，

炒青绿茶经过

虎丘寺僧的改良，

开创了我国绿茶焙烘的先河。

1368 年，朱元璋推倒大元建立明王朝。无论是出于与元人连年战争对社会经济的破坏而需要休养生息，抑或放小牛出身的朱元璋在立国之初确能体恤民间疾苦，总之在洪武二十四年（1391）朱元璋下旨罢造立国后延续元代旧俗一直进贡的大小龙团茶，而"听茶户惟采芽茶以进"。明万历年间的沈德符在《万历野获编·补遗》记道："国初四方贡茶，以建宁阳羡为上，犹仍宋制，碾而揉之，为大小龙团。洪武二十四年九月，上以重劳民力，罢造龙团，惟采茶芽以进。其品有四：曰探春、先春、次春、紫笋。"明代谈迁在《枣林杂俎》中记载："明朝不贵闽茶，既贡，亦备宫中浣濯瓶盏之需。"可见元代贡茶产地武夷地区所产之茶在明代已经不受政府待见。嘉靖三十六年，建宁郡守钱业奏请免解武夷茶，至此作为贡茶的武夷茶退出了历史舞台。

绿茶起源于唐代，初唐孟诜在《食疗本草》中最早记录了有关蒸青绿茶的制法："茶，当日成者良。蒸、捣经宿……"其后中晚唐时的诗人刘禹锡在《西山兰若试茶歌》中留下了炒青绿茶出现的文字记录："山僧后檐茶数丛……斯须炒成满室香。"那我们看看在散茶流行的明代，绿茶工艺是个怎样的情况。首先，源自唐代的蒸青工艺已经很小众了，主要存在于一些经济欠发达的偏远地区，江浙岕茶蒸青是个例外，此处不叙，留待后文再谈。炒青工艺在明代大行其道，张源的《茶录》记造茶："新采，拣去老叶及枝梗碎屑……候锅极热，使下茶，急炒，火不可缓。待熟方退火，撤入筛中，轻团那数遍，复下锅中。渐渐减火，焙干为度……火候均停，色香全美。"罗廪的《茶解》记载："炒茶，铛宜热；焙，铛宜温。凡炒止可一握，候铛微炙手，置茶铛中。札札有声，急手炒匀。出之箕上，薄摊用扇扇冷，略加揉挪，再略炒，入文火铛焙干，色如翡翠"，"茶炒熟后，必须揉挪。揉挪则脂膏溶液，少许入汤，味无不全。"可见

↑ 茶青摊晾

在明代绿茶武火急炒，文火焙干，伴有揉捻的炒青工艺已经相当纯熟。明代中期，炒青绿茶经过虎丘寺僧的改良，香清味甘的烘青绿茶诞生在了苏州的虎丘，开创了我国绿茶焙烘的先河。烘青绿茶是通过炭火产生热量，利用热风对茶叶进行干燥。得益于湿热作用，烘青绿茶的干燥过程中茶叶内可溶性糖类与氨基酸会有明显增加，虽然香气略低于炒青绿茶，但整体口感更加淡雅舒适。明人追求闲适、清雅、恬静的生活，茶以寄情，故烘青茶的出现极合乎士人的审美情旨。青藤画派鼻祖徐渭说："虎丘春茗妙烘蒸。"

陆羽在《茶经·六之饮》中曾记载过一种被称作"痷茶"的饮茶方式："饮有粗茶、散茶、末茶、饼茶者，乃斫，乃熬，乃炀，乃舂，贮于瓶缶之中，以汤沃焉，谓之痷茶。"这是有文字记录的散茶瀹泡法的源头。既然唐代已经有了此法，为何没有流行开来呢？陆羽接下来的讲述道明了原委："或用葱、姜、枣、橘皮、茱萸、薄荷之属煮之百沸，或扬令滑，或煮去沫，斯沟渠间弃水耳，而习俗不已。于戏！"陆羽说痷茶这种形式与茶中加入葱、姜枣、橘皮、茱萸、薄荷等一起煮沸，或扬起汤来让汤柔软，或在煮的时候把沫饽去掉的形式，都使茶汤变得像沟渠里的废水一样了。这样的习俗流传不已，可惜呀。陆羽这么说的原因是唐代的煎茶讲究欣赏汤花沫饽，上述形式看不到汤花沫饽故不为茶人所取。这一点《茶经·五之煮》讲得很清楚，煮茶要："育其华也。凡酌，置诸碗，令沫饽均。沫饽，汤之华也。华之薄者曰沫，厚者曰饽……及沸，则重华累沫，皤皤然若积雪耳。"

明代，以散茶瀹泡为主，但点茶依然在一些文人饮茶中有所留存。朱权的《茶谱》是现存明代最早的一本茶书，成书于 1440 年左右，此书前承唐宋传统、后启明清茶风，意义重大。朱权是明太祖朱元璋第十七子，洪武二十四年受封宁王，曾助燕王朱棣称帝。《茶谱》中可以看到永乐年间韬光养晦的朱权还在以点茶待客："命一童子设香案，携茶炉于前，一童子出茶具，以瓢汲清泉注于瓶而炊之。然后碾茶为末，置于磨令细，以罗罗之。候汤将如蟹眼，量客众寡，投数匕入于巨瓯。候茶出相宜，以茶筅击拂令沫不浮，乃成云头雨脚，分于啜瓯，置于竹架，童子捧献于前。主起，举瓯奉客曰：'为君以泻清臆。'客起接，举瓯曰：'非此不足以破孤闷。'乃复坐。饮毕，童子接瓯而退。话久情长，礼陈再三，遂出琴棋。"明代屠隆的《茶笺》中亦记有点茶："茶已就膏，宜以造化成其形。若手颤臂亸，惟恐其深，瓶嘴之端，若存若亡，汤不顺通，则茶不匀粹，是谓缓注"，"凡点茶，必须熁盏，令热则茶面聚乳，冷则茶色不浮。"

↓ 绿茶撮泡

弘治年间文渊阁大学士邱浚在《大学衍义补》中记："《元志》犹有末茶之说，今世惟闽、广用未茶，而叶茶之用，遍于全国。"

与屠隆《茶笺》成书时间相仿的《茶考》、《茶录》已经有了对散茶瀹泡的文字记录。1593 年，《茶考》问世，作者陈师系嘉靖三十一年举人，《杭州府志·循吏传》记其曾在杭属府县任职。陈师的《茶考》记载："杭俗，烹茶用细茗置茶瓯，以沸汤点之，名为'撮泡'。"由"杭俗"二字可以看出其时杭州地区饮用散茶已经在日常生活当中很常见了。从历史上看，"撮泡"在南宋已经出现，但是未流行起来。南宋陆游在其《安国院试茶》一诗后有注："日铸则越茶矣，不团不饼，而曰炒青，曰苍鹰爪，则撮泡也。"明代张源的《茶录》记载："泡法，探汤纯熟，便取起。先注少许壶中，祛荡冷气倾出，然后投茶。茶多寡宜酌，不可过中失正，茶重则味苦香沉，水胜则色清气寡……稍俟茶水冲用，然后分酾布饮。酾不宜早，饮不宜迟。早则茶神未发，迟则妙馥先消……投茶有序，毋失其宜。先茶后汤，曰下投；汤半下茶，复以汤满，曰中投；先汤后茶曰上投。"张源的《茶录》明确记载了散茶的壶泡方法，已经与今人无异。明末冯梦龙的《警世通言》有这样的描述："纸封打开，命童儿茶灶中煨火，用银铫汲水烹之。先取白定碗一只，投阳羡茶一撮于内，候汤如蟹眼，急取而倾入，其茶色半晌方见。"可见，明代散茶泡饮习俗已在百姓生活中习以为常。

接下来我们看看除了绿茶外，明代还有哪些茶类为时人所品饮。

首先是白茶，作为最原始的茶类，白茶自唐代绿茶大盛后而少为人所饮用。至明代，白茶出现在江浙一带文人的品饮中，茶家开始对生晒白茶有了文字记载。屠隆的《茶笺》记载："茶有宜以日晒者，青翠香洁，胜以火炒。"田艺蘅的《煮泉小品》中记载："芽茶以火作者为次，生晒者为上，亦更近自然，且断烟火气耳。况作人手器不洁，火候失宜，皆能损其香色也。生晒茶瀹之瓯中，则旗枪舒畅，清翠鲜明，尤为可爱。"这就传达出一个信息，有意识的制作白茶且白茶工艺的定型极可能源于江浙地区。

黑茶。"黑茶"二字从文献资料里看，最早见于明嘉靖三年（1524）御史陈讲的奏疏中。当时安化黑茶味美价廉，对官茶形成严重冲击，政府为了稳定市场，保证收益，就把安化黑茶变为官茶用于茶马交易。陈讲在奏疏中讲道："以商茶低伪，悉征黑茶。地产有限，仍第为上中二品，印烙篾上，书商名而考之。每十斤蒸晒一篾，运至茶司，官商对分，官茶易马，商茶给卖"，并"汉茶为主，湖茶佐之"。真正意义上人为主动探索黑茶类发酵、制作技术在明代的湖南安化发端并成功。黑茶产区在明代主要分布于川、陕、湖南诸省。

黄茶。明代著名医学家李时珍在《本草纲目》中记道："真茶性冷，惟雅州蒙顶山出者温而主祛疾……"李时珍说，在雅安的蒙顶山产有一种茶，它喝起来比绿茶温和。《本草纲目》约成书于明万历十八年（1578），其时白茶、绿茶、黑茶已明确出现，红茶、乌龙茶还约数十、一百多年后才会在武夷山问世，李时珍说的这个蒙顶山出的"温"茶就是黄茶。在成书于1597年的《茶疏》里，明代大茶学家许次纾有这样的记载："顾彼山中不善制造，就于食铛大薪焙炒，未及出釜，业已焦枯，讵堪用哉。兼以竹造巨笱，乘热便贮，虽有绿枝紫笋，辄就萎黄，仅供下食，奚堪品斗。"这虽然是许次纾在批评制茶技术不好，致使绿茶"萎黄"，但在今天看来，恰恰是他无意之间记录下了黄茶特有的"闷黄"工艺出现。工艺上的失误，导致茶叶内部的多酚类物质在湿热条件下发生了非酶自动氧化、水解、异构化，鬼使神差地产生了黄茶的关键制法。这个记录与《本草纲目》所记年份相差不多，所以由文字资料来判断，真正黄

↑ 耕而陶茶斋一角

茶的诞生，应该在明神宗万历年左右。那个时候的某些制茶人在生产实践中有意识地改进了这个源于绿茶制作失败的产品，经过渐进摸索使得黄茶工艺得以完备进而产生了真正意义上的黄茶。

红茶。明末有军队路过福建武夷山桐木关，吓得正在制作早春绿茶的茶农们来不及对采摘下的鲜叶杀青，都跑进深山避祸。第二天清晨，军队离去，出山返家的茶农们看着堆放满地的茶青傻了眼，过夜的茶青已经变软，且发红、发黏。坏了，他们认为。毕竟是劳动成果，贫苦的茶农们还是不忍将其扔掉，于是就想办法弥补。有人把已经变软的茶叶搓揉成条，用山里的马尾松生起火来烘干。茶叶被烘干后，红皱的外表变得乌黑油亮，并且带有一股清凉的松脂香，一尝，清凉甘甜，别具风味。就这样，一个崭新茶类——红茶在武夷山桐木关诞生了。其后武夷山的红茶制作技术迅速向外传播，武夷周边地区乃至中国其他省茶区的红茶生产制作随后纷纷出现。人们平常见到的"湘红""宜红""祁红""越红""苏红""川红""英红""滇红"在中华大地百花齐放，但逐本根，它们的技术都是源出武夷桐木关。

花茶。由元入明的著名书画家倪瓒最早制出了莲花茶。陆廷璨《续茶经》引《云林遗事》云："莲花茶，就池沼中于早饭前，日初出时，择取莲花蕊略绽者，以手指拨开，入茶满其中，以麻丝缚扎定。经一宿，次早连花摘之，取茶用纸包晒，如此三次，锡罐盛贮，扎口收藏。"明初朱权的《茶谱》载有投花入茶、熏香茶法："今人以果品为换茶，莫若梅、桂、茉莉三花最佳。可将蓓蕾数枚投于瓯内罨之。少顷，其花自开。瓯未至唇，香气盈鼻矣""百花有香者皆可。当花盛开时，以纸糊竹笼两隔，

↓ 茉莉花茶制作中

上层置茶，下层置花，宜密封固，经宿开换旧花。如此数日，其茶自有香气可爱。"明人钱椿年、顾元庆校编的《茶谱》亦记莲花茶："于日未出时，将半含莲花拨开，放细茶一撮，纳满蕊中，以麻皮略絷，令其经宿。次早摘花，倾出茶叶，用建纸包茶烘干。再如前法，又将茶叶入别蕊中，如此者数次，取其焙干收用，不胜香美。"

明初，朱元璋废团改散政策极大地推动了散茶泡饮的发展，饮茶方式的改变亦使茶器在明代出现了新的变革。随着散茶瀹泡的兴起，过去饮用末茶所需要的茶器如茶碾、茶臼、茶磨、罗筛、茶筅以及黑色茶盏均慢慢弃逝，新兴起来的白瓷茶盏、青花茶盏、瓷壶、宜兴砂壶渐渐成为明中后期的茶器新贵。明末张谦德在《茶经》中说："今烹点之法，与君谟（即宋代蔡襄）不同。"张谦德的《茶经》中论器一项只列举了茶器九种：茶

→ 明 陈洪绶 《闲话官事图》
沈阳故宫博物院藏

焙，茶笼、汤瓶、茶壶、茶盏、纸囊、茶洗、茶瓶、茶炉。文震亨的《长物志》记载："而吾朝所尚又不同，其烹试之法，亦与前人异，然简便异常，天趣悉备，可谓尽茶之真味矣……择器，皆各有法。"

张源在《茶录》中说："茶盏以雪白者为上，蓝白者不损茶色，次之。"白瓷茶盏最能体现茶汤颜色与芽叶在汤水中的舒展变化，因此广为明人喜爱。张岱的《曲中妓王月生》写道："白瓯沸雪发兰香，色似梨花透窗纸。"陆深的《桂州夜宴出青州山查荐名》写道："清润入脾消酒渴，瓷瓯如雪更宜茶。"这些诗句描绘的都是白瓷茶盏。稍后的文震亨在其《长物志》中记载："宣庙有尖足茶盏，料精式雅，质厚难冷，洁白如玉，可试茶色，盏中第一。"明代宣德年间景德镇官窑白茶盏在文人

↑ 明　宣德　甜白暗花莲瓣纹莲子杯　台北故宫博物院藏

198　懂点茶器

中享有很高的声誉。孙崇祯的《宫词》写道："赐来谷雨新茶白，景泰盘承宣德瓯。"可见宣窑瓷盏已经在宫中使用。文肇祉的《寓目自遣》写道："字学永和修禊帖，茶倾宣德小磁瓯。"把东晋王羲之的书法《兰亭序》与宣窑瓷盏相提并论，表明了此种茶盏在茶人心中的地位。小品圣手张岱为宣窑茶碗作铭："秋月初，翠梧下。出素瓷，传静夜。"

绘画记录着人类各个历史时期的文化观念和风俗习惯，我们于明代绘画中尚可见到明人常用的其他器型的茶盏，并可与现今留存的实

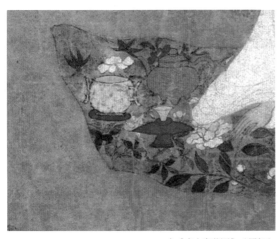

↑《卢仝煮茶图》（局部）

→ 明　丁云鹏　《卢仝煮茶图》
台北故宫博物院藏

←明　成化　青花缠枝莲纹杯
台北故宫博物院藏

←明　陈洪绶　《谱泉》
（局部）

→ 明宣德　青花松
竹梅高足茶钟
台北故宫博物院藏

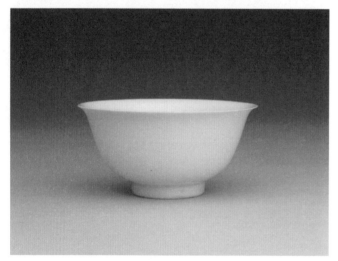

↑ 明　仇英　《东林图》（局部）　台北故宫博物院藏

↑ 明　永乐　甜白暗花双龙纹茶钟　台北故宫博物院藏

物逐一比对。

明代陈洪绶的《谱泉》中有手握高足茶钟饮茶的描绘，明代高濂的《燕闲清赏笺》中记景德镇窑器："宣德年造……松梅靶茶杯、人物、海兽酒靶杯、砂小壶……此等发古未有。"

再说一个于明代革新了的茶器——茶匙，这里的茶匙已经不同于宋代"回环击拂"的茶匙了，进入元、明茶匙做了相应的改动，有竹制的、金属制的，茶匙前端镂空，在饮汤水的同时用来捞取茶汤中的茶果。明人顾元庆的《茶谱》记载："撩云，竹茶匙也。"清初陆庭灿所著的《续茶经》讲明代竹茶匙："臞仙（即朱权）云：'茶瓯者，予尝以瓦为之……茶匙以竹编成，细如笊篱样与尘世所用者大不凡矣，乃林下出尘之物也'。""细如笊篱样"，即有空隙状。稍后明人高濂在《茶笺》中明确记载了茶匙的取果功能："撩云，竹茶匙也，用以取果。"

前章我们在王祯《农书·谷集十·茶》中看到了元代茗茶的吃饮法，即在茶汤中加入"胡桃、松实、芝麻、杏、栗"一并吃饮，说明彼时已经

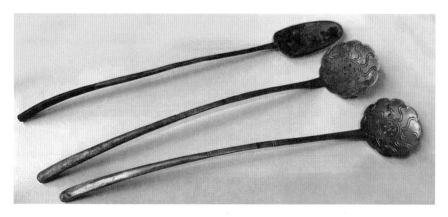

↑ 明代茶匙

↓ 明　黄卷　《嬉春图》（局部）
上海博物馆藏

↓ 明　富春堂刻本　《千金记》

有了镂空工艺的茶匙。"那女子叫'快献茶来'……又有两个黄衣女童，捧一个红漆丹盘，盘内有六个细磁茶盂，盂内设几品异果，横担着匙儿，提一把白铁嵌黄铜的茶壶，壶内香茶喷鼻。斟了茶，那女子微露春葱，捧磁盂先奉三藏，次奉四老，然后一盏，自取而陪。""急唤仙童看茶，当有两个小童，即入里边，寻茶盘，洗茶盏，擦茶匙，办茶果。"这是明代小说《西游记》中有关茶匙取果的描写。又如《金瓶梅词话》第七回："西门庆一见，满心欢喜……只见小丫鬟孥了三盏蜜饯金橙子泡茶……银杏叶茶匙。"第三十五回："不一时，棋童儿云南玛瑙雕漆方盘孥了两盏茶来……金杏叶茶匙，木樨青荳泡茶吃了。"可见明代生活中多用杏叶状茶匙，其质有金有银。明代富春堂刻本《千金记》插图、明代黄卷《嬉春

↓ 战国　曾侯乙金盏、金漏匕　湖北省博物馆藏

图》中即有"横担着匙儿"的茶钟的情形。

曾侯乙云纹金盏出土于湖北随州战国时期的曾侯乙墓，金盏是酒器，这个金盏还配了一个镂空的金漏匕。经学者们研究，匕的用途是清除酒内糟沫的。古代酿造米酒的时候，会让其自行沉淀澄清，此时酒面上就会浮有一层糟沫即细小如蚂蚁的泡沫，因呈轻微的绿色，所以古人管它叫作"绿蚁"。白居易的诗《问刘十九》："绿蚁新醅酒，红泥小火炉。晚来天欲雪，能饮一杯无？"李清照的《行香子》："薄衣初试，绿蚁新尝，渐一番风，一番雨，一番凉。"说的都是它。时光流逝，至元、明金漏匕稍做变形，成了捞取茶果的撩云，这又证实了今天我们使用的很多茶器都是由过去的饮食器伴随着生活中饮食习惯的发展、茶类品饮的发展而逐渐演变而来的。

茶器中，一个被明代文人称作"苦节君"的竹制茶灶即竹茶炉在明代兴起。竹茶炉就是用竹子作篾，编织成装饰纹路围在泥炉的四周，用于煮水烹茶。从历史上看，竹茶炉不是新鲜事物，唐宋时已经被少量用于茶事，自明代起才被广泛使用。从历代文献对其记载可见一斑。唐代杜甫的《观李固请司马弟山水图三首》中已有对竹茶炉的记述："简易高人意，匡床竹火炉。寒天留远客，碧海挂新图。"宋代诗人杜耒的《寒夜》有："寒夜客来茶当酒，竹炉汤沸火初红。寻常一样窗前月，才有梅花便不同。"元人韩奕有《竹炉》诗："绿玉裁成偃月形，偏宜煮雪向岩扃。虚心未许如灰死，古色人看似汗青。偶免樵柯供土锉，尚疑清籁和陶瓶。达人曾拟同天地，上有秋虫为篆铭。"明代成性的《竹茶炉》："湘竹炉头细问禅，出山何事更何年。渴心几度生尘梦，旧态常时守净娟。"明代陆勉的《竹炉和韵》："竹炉元供定中禅，久落红尘复此年。雪乳漫烹香细细，湘纹重拂翠娟娟。"明代邵宝的《与客谈竹茶炉》："松下煎茶试竹炉，涛声隐隐起风湖。老僧妙思禅机外，烧尽山泉竹未枯。"

　　竹子四季常青象征生命之盎然，挺拔俊逸表意正直清高，弯而不折、柔中有刚喻义做人的原则，中空有节暗合虚怀若谷之高风。在文人眼中，竹是美德的物质载体、君子的象征，由是为其所爱。竹茶炉在明代的广泛使用源起僧性海与王友石。王绂，号友石，明初大画家，擅长山水，写山木竹石，妙绝一时，其墨竹被称作"明朝第一"。王绂在无锡惠山寺听松庵养病时与寺僧性海一同让竹工制作了一个上圆下方的烹茶竹炉，意寓

↓ 明　顾元庆　《茶谱》所录竹茶炉　　　　↓ 清　乾隆　竹茶炉　故宫博物院藏

↑ 明　丁云鹏　《煮茶图》　无锡市博物馆藏

"天圆地方"，此炉对后世文人影响很大。明人邵宝在《容春堂续集》中记载："洪武壬午春，友石公以病目寓惠山听松庵。目愈，图庐山于秋涛轩壁。其友潘克诚氏往观之，于是有竹工自湖州至庵。僧性海与友石以古制命为茶垆。友石有诗咏之，一时诸名公继作破卷。"如王绂咏曰："僧馆高闲事事幽，竹编茶灶瀹清流……禅翁托此重开社，若个知心是赵州。"明人陶振的《竹茶炉》："惠山亭上老僧伽，斫竹编炉意自嘉……闻道万松禅榻畔，清风长日动袈裟。"成化年间的陕西左布政使盛颙作《苦竹君铭》："肖形天地，匪冶匪陶。心存活火，声带湘涛。一滴甘露，涤我诗肠。清风两腋，洞然八荒。"其后，此式竹炉为明人顾元庆、高濂分别录于所著茶书《茶谱》、《茶笺》当中，并广为明代茶画所描绘。

↑ 明　王问《煮茶图》　台北故宫博物院藏

　　清代，乾隆帝南巡至无锡惠山听松庵，见到僧人用竹炉煮水烹茶，一下喜欢上了它，返京后遂命人仿制，造品茗专室"竹炉精舍"，每入其内均用仿自惠山听松庵的竹炉煮水烹茶并于诗中写道："因爱惠泉编竹炉，仿为佳处置之俱。"诗后并注："辛未南巡过惠山听松庵，爱竹炉之雅，

→ 明　丁云鹏　《卢仝煮茶图》（局部）

↑ 明　唐寅　《事茗图》　故宫博物院藏

↑《事茗图》（局部）　故宫博物院藏

命吴工仿制，因于此构精舍置之……"

　　明代丁云鹏《煮茶图》，图中绘一湖石立于红花绿草丛中，旁有玉兰树，花朵灼灼。前设一榻，榻角置一上圆下方竹炉煮水。主人双手置膝坐于榻上候汤。榻前花石几上有茶杯、朱漆茶托、宜兴砂壶、茶叶罐、古玩、山石盆景，"一奴长须不裹头，一婢赤脚无齿"。

← 明　隆庆　青花云龙纹提梁壶
故宫博物院藏

← 明　嘉靖　吴经提梁紫砂壶
南京博物馆藏

明代王问的《煮茶图》，画面左侧小童展卷，一文士正兴致挥毫。画面右侧于地面置一方形竹炉，炉上有提梁茶壶一把，主人正于炉前夹碳烹茶。

由明代茶画还可以看到一类崭新的茶器出现并开始大量使用，即煮水或饮茶的提梁茶壶。明代中期以后，很多茶画中都出现了有提梁结构的水壶，展现了其时茶器的一个崭新风尚。此由现存明代器物亦可考。

从考古实物上看，尤其出名的是出土于南京中华门外马家山油坊桥明代司礼太监吴经墓中的吴经提梁紫砂壶。根据墓志考证，吴经卒于嘉靖十二年，即1533年。据此可知，这把壶制成于1533年之前，这是目前发现的有确切年代可考的最早的紫砂壶。这把壶的形制与明代画家王问在《煮茶图》中的提梁壶非常相似，除了壶嘴位置外，提梁把手和壶腹几乎一样。凑巧的是，王问正是嘉靖十七年的进士。

紫器之野者

朴砂，幽趣

拙

纵向来看，
紫砂壶的发展过程
是从无到有，
从粗糙到精制，
从大壶到小壶。

紫砂陶器产自江苏宜兴，《辞海》对紫砂陶器的定义是："紫砂陶器是用紫砂泥，红泥或绿泥等制成的质地较坚硬的陶制品，陶器外部不施釉，经1100℃—1180℃氧化气氛烧成。" 由此点可以看出，一件紫砂器至少要经过1100℃的高温烧造方为合格。高温烧造的紫砂器结构致密，接近瓷化，但不具有瓷胎的半透明性，其器表含有细小颗粒，表现出一种砂质效果。紫砂泥大多是从开采的甲泥矿中精选出来的，它是紫砂土的主要矿源，甲泥在丁蜀地区俗称"夹泥"。制作紫砂陶器的泥料又称五色土，其不是单一的紫色。广义地讲，紫砂泥是紫泥、红泥、绿泥、团泥四种泥料的总称。

　　紫泥，属泥质粉砂岩，旧称青泥或天青泥，是制作紫砂器的主要原料。红泥，属泥质粉砂岩，红泥可分为紫砂红泥与朱泥两种，是以烧成后呈色命名的一个大类。朱泥制品收缩率高，成品率低，较高的收缩率使得原矿朱泥有"无朱不皱"之称。绿泥，属粉砂质泥岩，也称本山绿泥，其含铁量较低，多与紫泥、红泥配合后作为调配泥使用或用于粉饰紫砂胚体表面。团泥，亦称"段泥""缎泥"，是以自然存在状态命名的，不是单一品种矿料，是各种矿料的共生状态，一般为绿泥和紫泥共生，烧成颜色多呈黄缎色调。同一泥料当中含砂量越多，收缩率越小；含砂量越少，收缩率越大。收缩率小的泥料所制壶的成品率就高，收缩率大的泥料所制壶的成品率就低。泥料中的含铁量决定了紫砂器烧成的色泽，铁含量越高，呈色越深。紫砂器在正常的烧成气氛中，随着温度的变化，胎质呈色也会产生深浅不一的变化，烧结温度越高，器物的颜色就会越重。同一泥料在不同的烧成气氛下，胎体色泽也会产生变化。清代吴梅鼎在《阳羡茗壶赋》中对紫砂制壶的色泽曾做过贴切描述："夫泥色之变，乍阴乍阳，忽葡萄而绀紫，倏桔柚而苍黄。摇嫩绿于新桐，晓滴琅玕之翠；积流黄于葵

↑ "耕而陶造"朱泥高梨形壶

露，暗飘金粟之香。或黄白堆砂，结哀梨兮可啖；或青坚在骨，涂髹汁兮生光。彼瑰琦之窑变，匪一色之可名。如铁如石，胡玉胡金。备五文于一器，具百美于三停。"

客观地讲，用紫砂壶泡茶，并不是它可以使茶汤变得比其他沥茶器沥出的茶汤好喝我们才用，原因是在明代紫砂壶的朴拙与生俱来地带着一股幽野之气，与其时文人审美契合。昆石美玉，商鼎周彝，笔墨纸砚，梅兰竹菊都是文人身边的爱物，但是在使用的频繁度、亲切度上它们都无法与紫砂壶媲美。尤其是当壶中注入热水令壶有了温度后，壶与人的亲近感就更强了，这一点是其他物件所不具备的。

紫砂壶过去叫砂壶、窑器、或冲罐，"紫砂壶"是清末后才出现的叫法。既然有这么多颜色的矿料，为什么偏偏选择了"紫"这个字眼叫作紫砂，不叫黄砂、红砂呢？原因是紫色在中国传统文化中的等级很高，皇帝的宫殿叫"紫禁城"；比喻高官显宦用"紫袍玉带"，"户列簪缨姓字香，紫袍玉带气昂昂"；瑞彩祥云说紫气东来。当人们把被赋予了语言文学特性的砂壶称作"紫砂壶"后，与生俱来的高级感就随之而来，这也是中国传统文化有意思的地方。

　　紫砂器的起源在学术界过去一直都有争议，由南京博物院考古研究所、无锡市博物馆、宜兴陶瓷博物馆组成的联合考古队曾在 2005 年下半年对宜兴丁蜀地区古窑址进行了大规模的考古调查。根据文献记载以及传世实物综合考证，得出的结论是明早期墓葬中从没出现过紫砂器，有据可考的最早一件是南京市博物馆所藏于明代太监吴经墓中出土的嘉靖年间的提梁壶，所以紫砂被有目的性地使用，应始于明代的中晚期。明人周高起在其《阳羡茗壶系》中说："创始：金沙寺僧，久而逸其名矣。闻之陶家云，僧闲静有致，习与陶缸瓮者处，抟其细土，加以澄炼；捏筑为胎，规而圆之，剜使中空，踵傅口、柄、盖、的，附陶穴烧成，人遂传用。""金沙寺在（宜兴）县东南四十里，唐代陆希声读书山房，后改禅院。"明代正德年间学宪吴颐山曾带着家僮供春居于金沙寺苦读诗书。家僮供春对寺内老僧制壶颇感兴趣，无事时经常溜入禅房偷看其抟胚做壶，逐渐掌握了制壶技术，遂"细土抟胚，茶匙穴中，指掠内外，指螺文隐起可按，胎必累按，故腹半矣"，制成了一把仿生树瘿茶壶，此即大名鼎鼎的供春紫砂壶，矗立起宜兴紫砂的第一座高峰。周高起说："供春，学宪吴颐山公青衣也……世外其孙龚姓，亦书为龚春。人皆证为龚。予于吴周聊家见时大彬所仿，则刻供春二字，足折聚讼云。"金沙寺僧与供春为紫砂壶之创始之人，其后宜兴紫砂壶开始大量生产使用，人谓其"茗壶奔走

↑ "耕而陶造"老紫泥小宫灯壶

天下半"，想见景况之盛。

　　纵向来看，紫砂壶的发展过程是从无到有，从粗糙到精制，从大壶到小壶。我们由明代茶书对煮水、注水器的文字记录中来看看这一过程。明代最早茶书朱权 1440 年的《茶谱》中还未提及紫砂器，但已有瓷制煮水器出现，彼时所用的茶瓶"以黄金为上，以银次之。今予以瓷石为之"，顾元庆 1541 的《茶谱》说"茶铫、茶瓶，银锡为上，瓷石次之"，屠隆 1590 年的《茶笺》"所以策功建汤业者，金银为优……瓷石有足取焉。瓷瓶不夺茶气，幽人逸士，品色尤宜"，高濂 1591 年的《茶笺》："茶铫、茶瓶，磁砂为上，铜锡次之。磁壶注茶，砂铫煮水为上"，砂器已然使用。许次疏 1597 的《茶疏》："往时供春茶壶，近日时彬所制，大为时人宝惜，盖皆以粗砂制之。"周高起 1640 年《阳羡茗壶系》："近百年中，壶黜银锡及闽豫瓷而尚宜兴陶，又近人远过前人处也。"

明代是绿茶散茶瀹泡的天下，紫砂壶诞生之初就是用来泡饮绿茶的。有明一朝紫砂壶名手辈出，代有大家。自供春树瘿壶问世以后，继起的制壶高手为"四大家"的董翰、赵梁、元畅、时朋及名家李茂林。董翰是最早创造菱花式砂壶的名手，其壶以文巧著称。提梁式壶，始创于赵梁，明代周高起《阳羡茗壶系》："赵梁，多提梁式，亦有传为名良者。"收藏家李景康、张虹合编的《阳羡砂壶图考》："阳羡之作提梁式者，或以赵梁为鼻祖。后之提梁式有硬耳、软耳两种。其制作精美者，硬耳多见，软耳较罕也。"元畅制壶以古拙见长。时朋"即大彬父……供春之后劲也"。"李茂林，行四，名养心。制小圆式，妍在朴致中，允属名玩。"李茂林擅长作小圆壶，其壶于朴素端庄中见妩媚，世称"名玩"。值得一提的是，最初的紫砂壶是跟日用粗陶器皿混合在一起共用一窑装烧。自李茂林始，紫砂壶就被放在了匣钵里烧制，有效避免了烟火、柴灰等杂物对壶体表面产生的影响，使得紫砂壶的外观品相得到极大改观。其后，制壶大家时大彬及其弟子李仲芳、徐友泉亦名扬天下。

"陶家虽欲共春，能事终推时大彬"，时大彬（1573—1648），明万历至清顺治年间人，制壶名家时朋之子。其壶艺在明代享有盛誉，多为文人记述。时大彬继供春之后，创制了许多制壶方法、工具、壶式。他开创了调砂法制壶，《阳羡茗壶系》记："时大彬，或淘土，或杂碙砂土，诸款具足，诸土色亦具足，不务妍媚，而朴雅紧栗，妙不可思。"改进了供春"斫木为模"的制法，把打身筒成形法与镶身筒成形法结合起来，由此确定了紫砂壶泥片镶接成形的基本方法，这是紫砂壶工艺的一大飞跃。又创方形、圆形壶式，开启"方非一式，圆不一相"的新风貌，成为紫砂壶造型的典型壶式。日臻成熟的技艺使得时大彬的作品达到了"千奇万状信手出，巧夺坡诗百态新"的地步，史称"时壶"，其与陆子冈的制玉、江千里的螺钿、张鸣岐的手炉齐名，为人所珍。许次纾《茶疏》论："往时供春茶壶，近日时彬所制，大为时人宝惜。"《阳羡茗壶录》载："名手所作，一壶重不数两，价重每一二十金，能使土与黄金争价。"

时大彬在紫砂壶领域中还有一大贡献，即将紫砂壶在型制上由大壶向小壶进行了转变。如我们过去所说，万事的变化都有它的底层逻辑做支撑，那么紫砂壶由大转小的原因在哪里呢？这须得从明代一个非常有名的文人茶"岕茶"聊起了。前文有述，元初马端临编撰的典章制度史《文献

↓ 明 时大彬紫砂壶 美国大都会艺术博物馆藏

← 长兴顾渚山野生茶园

通考》中曾记："始知南渡以后，茶渐以不蒸为贵也。"自那时起至明代，绿茶散茶基本上以炒青、烘青工艺为主，有意思的是绿茶蒸青工艺却在晚明经济发达的江浙地区绽放出一朵盎然之花——岕茶。明代陈继儒（1558—1639），华亭（今上海松江）人，与董其昌齐名，学识广博，诗文、书法、绘画均所擅长。武英殿大学士黄道周给崇祯帝上疏曾言："志向高雅，博学多通，不如继儒。"陈继儒在《白石樵真稿》中说朱元璋"敕顾渚每岁贡茶三十二觔，则岕于国初已受知遇，施于今而渐远渐传，渐觉声价转重。"可见岕茶在明初废团饼改散之后，未趋炒青大流，依然保留了蒸青工艺，岕茶工艺是先蒸后焙，明闻龙《茶笺》记："诸名茶，法多用炒，惟罗岕宜于蒸焙，味真蕴藉，世竞珍之。"明晚期，岕茶名声渐大，陈继儒所辑《农圃六书》说其为"浙中第一"。

"岕"，指介于两山之间。岕茶，据长兴知县熊明遇约成书1608年的《罗岕茶疏》解释："两山之夹曰岕，若止云岕茶，则山尽'岕'也。岕以罗名者，是产茶处。"岕茶主要产于江苏宜兴与长兴交界处，稍偏长兴一侧的罗山。长兴、宜兴即唐代贡茶顾渚紫笋、阳羡茶的产地长城、义兴。

周高起于1640年左右成书的《洞山岕茶系》说："至岕茶之尚于高流，虽近数十年中事。"岕茶保留蒸青工艺是有原因的，熊明遇记："茶以初出雨前者佳，唯罗岕立夏开园。"立夏开园的茶青枝叶成熟度高，不再细嫩，这种茶青如果再用炒青工艺制作已不适宜。这一点许然明在《茶疏》中做了详细说明："岕之茶不炒，甑中蒸熟，然后烘焙。缘其摘迟，枝叶微老，炒亦不能使软，徒枯碎耳。"明末张大复《梅花笔谈》中说："松萝之香馥馥，庙后之味闲闲，顾渚扑人鼻孔，齿颊都异，久而不忘。然其妙在造，凡宇内道地之产，性相近也，习相远也。"可见岕茶的品质优劣与工艺是分不开的，"其妙在造"。

周高起说岕茶"叶筋淡白而厚"，"入汤，色柔白如玉露，味甘，芳香藏味中"，令人叫绝的是，岕茶更有奇妙的乳香。熊明遇《罗岕茶记》就说洞山岕"味甘色淡，韵清气醇，亦作婴儿肉香，而芝芬浮荡，则虎丘所无也"。怎么来理解这个"婴儿肉香"呢？想象一下，你怀抱着一个正处于吃奶期的小宝宝，然后你把鼻子附在他的身上，吸气，闻，就是襁褓中孩子身上带着的那种淡淡奶香的味道，有生活经验的朋友一听我这个话就明白了。这个淡淡奶香实际就是茶氨酸的味道，这也是我多次给朋友们讲茶时候提及的，乳香在茶的香气中是非常高等级的一种香味。如果一款茶，它的汤水中带着乳香，那么这款茶的生态一定是非常好的，茶品应为一流水准。《续茶经》引明人沈石田《书岕茶别论后》对岕茶有这样的评价："昔人咏梅花云：'香中别有韵，清极不知寒。'此惟岕茶足当之。若闽之清源、武夷，吴郡之天池、虎丘，武林之龙井，新安之松萝，匡庐之云雾，其名虽大噪，不能与岕相抗也。"

冒襄（1611—1693），字辟疆，明末清初文学家，在《岕茶会钞》中冒襄回忆产量稀少的上品岕茶："忆四十七年前，有吴人柯姓者，熟于阳羡茶山，每桐初露白之际，为余入岕，箬笼携来十余种。其最精妙不过斤许数两，味老香深，具芝兰金石之性，十五年以为恒。后宛姬从吴门归余，则岕片必需半塘顾子兼，……每岁必先虞山柳夫人，吾邑陇西之倩姬与会共宛姬，而后他及。"虞山柳夫人是陈寅恪先生《柳如是别传》中有着高尚民族气节、愧杀明末无数须眉的奇女子柳如是，宛姬即冒襄小妾聪明灵秀的窈窕婵娟董小宛。在被后世称为忆语体文字鼻祖的《影梅庵忆语》中，冒襄记自己与董小宛品岕茗："姬能饮，自入吾门，见余量不胜蕉叶，遂罢饮，每晚侍荆人数杯而已。而嗜茶与余同性，又同嗜罗片。每岁半塘顾子兼择最精者缄寄，具有片甲蝉翼之异。文火细烟，小鼎长泉，必手自炊涤。余每谓左思《娇女诗》'吹嘘对鼎𨦂'之句，姬为解颐。至'沸乳看蟹目鱼鳞，传瓷选月魂云魄'，尤为精绝。每花前月下，静试对尝，碧沉香泛，真如木兰沾露，瑶草临波，备极卢陆之致。"与冒襄、侯方域、方以智合称"明末四公子"的陈贞慧在《秋园杂佩》中说："色香味三淡，初得口，泊如耳。有间，甘入喉；有间，静入心脾；有间，清入骨。嗟乎！淡者，道也。虽吾邑士大夫家，知此者可屈指焉。"《中国古代茶书集成》中辑历代茶书 114 本，这其中关于芥茶的专著就有六本：明代熊明遇《罗芥茶记》、冯可宾的《芥茶笺》、周高起《洞山芥茶系》，周庆叔的《芥茶别论》，佚名的《芥茶疏》、清代冒襄的《芥茶汇钞》，可见，芥茶清饮在明末清初文人雅士心目中的地位是何等至上。

吴中文人所贵的芥茶，是江南茶史的一个剪影，昔年的茶人如一缕清幽的茶香倏忽而逝，目不能及。要领略芥茶历史的温度需得走进山中，循道而行。每年立夏，我都会到长兴山中做一点芥茶，以"摅怀旧之蓄念，发思古之幽情。"芥茶那种带着乳香、素水兰馨的口感令人神驰，印象中只有清香型的极品白水观音方能达到类似感觉。

明代散茶壶泡省去了唐宋制饼、碾茶、罗茶这些繁复的流程，拉近了泡茶器与茶人的距离，客观上为茶壶这一具体茶器的发展与繁盛提供了条件。芥茶本身属于小众茶，最了解芥茶的就是明末的那些文人士大夫，他们的饮茶趣味和习惯直接影响了泡茶器具的变化。紫砂壶跟茶人的日益亲密接触，又使得茶人对茶壶的审美成为必然。万历之前，崇尚大壶；万历之后，壶型日渐缩小，这一变化起于时大彬与陈继儒的交游。《阳羡茗壶系》记时大彬"初自仿供春得手，喜作大壶，后游娄东，闻眉公与琅琊太原诸公品茶施茶之论，乃作小壶。"娄东即现在的江苏太仓，自古为文人

↑ 瀹饮岕茶

荟萃之地。陈眉公就是陈继儒，琅琊是明末清初的画家王鉴。太原为王时敏，明末清初画家，善山水，开创了山水画的娄东派。王鉴与王时敏被时人推为画坛领袖。

　　早期时大彬受供春的影响所制均为大壶，大壶非为泡茶之用，而是用于煮水、煮茶，如明代吴经提梁壶，高 17.7 厘米，口径 7 厘米，估计容量得有 1000 毫升。江苏泰州出土壶底钤印"时大彬于茶香室制"的圆壶容量达 900 毫升。后来时大彬到江苏太仓交游，与名士陈继儒交往甚密。期间，时大彬与岕茶铁粉陈继儒及陈好友王鉴、王时敏一同品岕、赏壶、论道。这些文人士大夫阶层对岕茶雅致的品评在相当程度上启发、引导了时大彬，令其领悟了中国茶文化的深厚底蕴及彼时茶人品茗对器具的审美偏好，如许然明《茶疏》之语："茶注，宜小不宜甚大。小则香气氤氲，大则易于散漫。大约及半升，是为适可。独自斟酌，愈小愈佳。"时大彬茅塞顿开，于是开始尝试把文人美学趣味对茗壶制作的要求融入自己的创作中去，"乃作小壶"。美国旧金山亚洲美术博物馆现藏有一把白泥瓜棱壶，为公元1609年时大彬专为陈继儒而制。壶底刻款："品外居士清赏，己酉重九大彬。"

时大彬所制小壶容量大概是多少呢？文震亨在《长物志》中说："时大彬所制又太小，若得受水半升而形制古洁者，取以注茶更为适用。"明代的一升约合现在1035毫升，半升即517.5毫升。由文震亨所言可知，时壶容量在517.5毫升以下。那为何文震亨又说时壶容量太小呢？明人冯可宾在《岕茶笺·论茶具》里说："……或问茶壶毕竟宜大宜小，茶壶以

↓"耕而陶造"古拙的梨式朱泥小壶

小为贵。每一客，壶一把，任其自斟自饮，方为得趣。何也？壶小则香不涣散，味不耽阁；况茶中香味，不先不后，只有一时。太早则未足，太迟则已过，的见得恰好，一泻而尽。"冒襄在《岕茶汇钞》中亦持此观点："茶壶以小为贵。每一客一壶，任独斟饮，方得茶趣。"萝卜青菜各有所爱，文震亨认为时壶容量太小，应该与其平常不独饮，而多与朋友们同壶共饮有关。

散茶因壶泡的要求改良益精，小壶亦由散茶的流行日见其巧。紫砂小壶，内含风骨，外显温润，造型简练，线条流畅，明末四公子之一的陈贞慧在其《秋园杂佩》中誉紫砂壶为"茗具中得幽野之趣者"。明代中后期的文人群体极富特色，既具魏晋南北朝风骨又得宋元文人风尚，他们以佛、道释儒，又能独抒性灵"聊写胸中逸气"。尤其这些以茶雅志、别有一番怀抱的明代文人，彼时的他们"或会于泉石之间，或处于松竹之下，或对皓月清风，或坐明窗静牖"，于石台、案头、小几置壶一把，"乃与客清谈款话，探虚玄而参造化，清心神而出尘表"。简约淡雅、道法自然的文人情怀与气质拙朴幽野的紫砂壶在明代得到了完美契合，使"几案有一具，生人闲远之思。"从此，小型茶壶在文人居处的茶桌上占据了主导地位，至今不衰。

回过头来我们再审视一下紫砂壶的第一个高峰——供春壶。作为一个小家童的供春，并且是偷艺于金沙僧，他的壶怎么就出名了呢？天赋手巧自不用说，也要知道供春可不是一介普通的家奴小童，其主吴氏在宜兴当地是一个很大的家族。供春的主人吴颐山，名仕，字克学，善唐寅，其父吴纶与明代大文人文征明、仇英、沈周来往甚多。吴颐山"甫冠笃学，历游诸名彦门，闻识益广，正德……登甲戌进士"。近距离的文人家族陶染，必然滋养了供春之审美意趣。恰恰是其壶首创仿生树瘿，"外师造

↑ "耕而陶造"朱泥直嘴梨形壶

化，中得心源"，随意赋行，意趣天成，迎合了时代之审美，方能留名后世。

金木散人编写的明末白话小说《归莲梦》有如此文字："香几上摆着一座宣铜宝鼎，文具里列几方汉玉图章，时大彬小瓷壶粗砂细做，王羲之兰亭帖带草连真。"其中"粗砂细做"四字尤其值得注意。许次纾言："盖皆以粗砂制之，正取砂无土气耳。"文震亨说："壶以砂者为上。"可见"砂"才是紫砂壶的真正核心。砂为壶之骨，紫是壶之衣。茶壶生胚制作完成后，要通过明针工艺再将生胚表面作精良的修整。明针的作用不仅仅在于把砂壶表面压平刮整，还会令较细的砂粒溢上表面。这些砂粒在烧结过程中没有完全融化，在半熔融状态下与表层的粉料形成了紫砂壶起伏有致、珠粒隐隐、温文尔雅、拙朴幽野的特有质感。"涤拭日加，自发黯然之光，入手可鉴，此为书房雅供。"土聚为地，"地势坤，君子以厚德载物"，紫砂壶天生就带着中国传统文化自有的温柔。

明末清初，活跃在康熙年间的紫砂大家惠孟臣善制小壶，即后世工夫茶所言之"壶必孟臣"。其时亦有花货茶壶鼻祖、制壶大家陈鸣远活跃在康熙年间，陈善制梅干壶、松段壶、瓜形壶、莲子壶等自然型类砂壶。尤其是他开创了将传统绘画书法、铭款镌刻于砂壶的制作工艺，为朴素的紫砂壶体注入了雅致的文人气息，紫砂壶一步迈入了真正的艺术殿堂，这是陈鸣远在壶艺发展史上建立的卓越功绩。雍正时的陈汉文、王南林、杨继亦是制壶名手。雍正时，紫砂壶出现了一种色釉彩绘新工艺，雍正、乾隆时期又添堆花拟形、雕花填彩、泥金银的工艺。此类壶尽管产生了不少传世作品，但是这种装饰毕竟掩盖了紫砂器拙朴自然的本质，并没有得到进一步的发展。

乾隆时有著名工匠陈文伯、惠逸公、潘大和、吴阿昆等。尤值得一

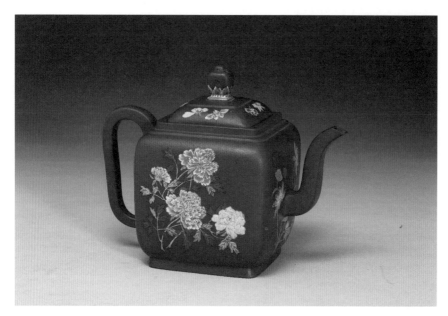

↑ 清　乾隆　宜兴胎画珐琅五彩四季花卉方壶 台北故宫博物院藏

提的是乾嘉时期的书画家、篆刻家、制壶名家陈鸿寿。陈鸿寿，钱塘人，
字子恭，号曼生，西泠八大家之一，喜制宜兴紫砂壶，人称其壶为"曼生
壶"。依托深厚的美学造诣，陈曼生将金石、书画、诗词与造壶工艺融为
一体，与陶艺家杨彭年及其胞妹杨凤年合作创造了经典的"曼生十八式"
紫砂壶，赢得了壶史上"壶随字贵，字依壶传"之美誉，亦使得文人壶走
到了历史巅峰。至晚清，尚有名家黄玉麟、邵大亨等人，但随着经济的衰
落，紫砂壶艺发展趋于低迷，一蹶不振。叶恭绰的《阳羡砂壶图考》之言
确确："夫砂壶一微物耳，而制作良窳，实与文化生沉具有关系。故创于
正德，盛于嘉靖、乾隆，而衰于道、咸，以后其体制则有朴而工而巧，而
率且俗。" 至此，紫砂壶的发展脉络阐述完毕。

↑ 清　乾隆　宜兴窑紫砂泥绘烹茶图题乾隆帝御制诗六方执壶　故宫博物院藏

接下来谈一下日常生活中紫砂壶选购、使用的常见问题，供广大茶友参考。

一、"一壶一茶"。持有此种观点的人宣扬一把紫砂壶只能泡一种茶，如果再泡其他的茶，茶汤就会串味儿。为什么再沏其他的茶会串味呢？原因就是这把壶的壶体结构是疏松的，疏松就意味着壶体可以吸附茶香。用吸附了彼茶香的壶去泡此茶香的茶，当然要串味儿，这是毋庸置疑的。那又是什么原因导致了壶体结构的疏松呢？答案是温度。周高起言："以本山土砂，能发真茶之色香味。"明代大茶家许次纾说："顾烧时必须火力极足，方可出窑……火力不到者，如以生砂注水，土气满鼻，不中用也。"文震亨的《长物志》认为"盖既不夺香，又无熟汤气"方好，古今一理。紫砂壶的烧造温度不是确定不变的，而是根据制壶泥料的性质、作者对壶体造型的把握、对壶身发色的要求这几点来共同决定。一般来讲，紫砂壶的烧造温度在 1100° C—1180° C 之间，个别情况会接近 1200° C。紫砂壶的本质是陶，一把如此温度区间下烧造出来的紫砂壶，它的壶体结构是很致密的，基本接近瓷器了。这种高温下烧出的壶仅仅会吸附极其少量的茶香，在实际使用当中是感觉不到汤水串味儿的。反之，低温下烧出的紫砂壶，壶体结构疏松，能吸附大量的香气，必然导致茶汤的串味儿。所以说我们选购紫砂壶时一定要选择高温烧造的壶，这样的壶既能达到节省开支即一壶通杀六大茶类的目的，又会让泥料中有害的物质在高温烧造过程当中得到挥发而无妨饮茶者的健康。当然，有的茶友喜欢收藏，购买许多种造型的紫砂壶，那是另外一回事儿，与此无关。

二、开壶。新买的紫砂壶需要开壶吗？据说开壶是要把豆腐、糖类投入水中与壶一起煮，真是让人开了眼。低温烧制的紫砂壶恰恰是有土气的，所以才要用这些办法去除掉土气。另一原因是壶的泥料有问题，为了去异味，所以教人开壶。原料合格、烧结到位的紫砂壶是不用开壶的。一把新壶，用开水冲涮一两遍即可沏茶。当沏茶者每次要从一种茶换沏另一不同种类茶的时候，只需用热水冲洗一下壶的内里，然后倒掉，就可以换茶了。一把新出窑的紫砂壶整体色泽应显哑光，含蓄不张扬；光芒四射的壶，要避而远之。若实在确定不了面对的紫砂壶是否合格，那干脆就用瓷质的壶或盖碗吧。

三、紫砂壶的透气性。市场上，紫砂壶的一大卖点就是其透气性。众所周知，所有的陶器都是有透气性的，紫砂壶也不例外。紫砂壶透气性越高，说明它的结构疏松，说明它越能吸附茶的香气而影响茶汤的滋味。一把紫砂壶若不能准确地反映汤品，透气性好又如何呢？不妨再换个角度思考，与外部空气直接相通的紫砂壶的壶嘴透气性高还是壶体的透气性高？刻意宣扬壶体的透气性，其意义到底有多大？想想就明白了。

四、手工制作的紫砂器、瓷器，每一个都凝聚了匠人的心血与内心的温暖。火中取器的物件，偶有不影响大美的细小瑕疵是正常的。茶友不要拿现代流水线上整齐划一的、冰冷的工业产品的标准去衡量手工制品，没有可比性的。紫砂壶在日常使用当中，避免用有油的手抓壶。每次用完壶，都要用清水里外冲洗，然后用软布擦一下，倒置晾干。建议将壶放在一个塑料盆里清洁，这样可以避免摔坏。我见过很多朋友洗壶的时候，脱手把壶或壶盖摔到地上，很是可惜。如果真是意外地摔碎了，千万不要扔，把碎渣收拾齐全，找一个懂得金缮的匠人，把它缮起来，亦别有韵味。紫砂壶可沏茶、可把玩，你对它好，它就会对你好，良好的使用习惯一旦养成，壶会越用越漂亮。呵护它，爱惜它，让它成为于茶生活中陪伴自己的挚友。

> 泥，是死的，
> 手，是活的。
> 揉抚轻拍遂成了你，
> 修捏百转就有了魂。
> 精神出于炉火，
> 雅韵幽生案头。
> 你，若认出了我，
> 我，定能懂得了你！
> 拈花一笑，寂静欢喜。

↑ 紫砂壶全手工制作过程（一）

↑ 紫砂壶全手工制作过程（二）

↑烧制完成的紫砂壶

闵末子, 工创茶
明末老子, 首创夫茶

明末许多名流雅士均嗜茶，

且以能品闵茶为荣，

以结交闵汶水为幸，

以与闵汶水交往所获得的闲雅为趣。

对"工夫茶"三字最早的文字记载见于乾嘉年间俞蛟的《梦厂杂著·潮嘉风月》。俞蛟（1751—?），乾隆、嘉庆间曾在南北各地做幕僚，足迹遍及各省，记所到各处风土人情汇编成书。他在书中记道："工夫茶，烹治之法本诸陆羽《茶经》，而器具更为精致。炉形如截筒，高约一尺二三寸，以细白泥为之。壶出宜兴窑者最佳，圆体扁腹，努咀曲柄，大者可受半升许。杯盘则花瓷居多，内外写山水人物，极工致，类非近代物。然无款志，制自何年，不能考也。炉及壶、盘各一，惟杯之数，则视客之多寡。杯小而盘如满月。此外尚有瓦铛、棕垫、纸扇、竹夹，制皆朴雅。壶、盘与杯，旧而佳者，贵如拱璧。"接着，俞蛟又记录了其时工夫茶的瀹茶情形："泉水贮铛，用细炭煎至初沸，投闽茶于壶内冲之；盖定，复遍浇其上；然后斟而细呷之，气味芳烈，较嚼梅花更为清绝，非拇战轰饮者得领其风味。"文中可见，清代乾、嘉时期工夫茶的器具有细白泥炉、铛、紫砂壶、花瓷杯盘、小茶杯数只等，且以"旧而佳者，贵如拱璧"。

1990年，福建漳浦县南坑村清代蓝国威墓中出土了一批茶具。蓝国威为清乾隆二十三年（1758）贡生。这批茶具包括陈鸣远制紫砂壶、清代彩绘山水人物白瓷茶盘、"若琛珍藏"青花白釉茶杯、锡制茶叶罐。其中陈鸣远制紫砂壶口径、底径均为5.6厘米，腹径8厘米，通高5.2厘米，可见其壶容积不大。茶杯四只，底款书"若琛珍藏"，其口径6.7厘米，底径3厘米，高3厘米，非常小巧。这批文物被专家确定为在雍正、乾隆之间烧制的。2005年，福建漳浦又出土了一批乾隆晚期至嘉庆年间的墓葬文物，其中有青釉茶盘一只，亦有"若琛珍藏"款小杯四件，朱泥孟臣小壶一把，此件朱泥小壶的壶底有"明月清风客，孟臣制"行书款。

孟臣即惠孟臣，历史文献对惠孟臣没有过多的文字记载，听泉山馆

↑ "耕而陶造"独钓　仿孟臣水平小壶

有壶底款用楷书题字："天启丁卯年荆溪惠孟臣制。"惠孟臣活动在明末清初，此时恰逢闽地工夫茶兴起。对当时的喝茶人来讲，前朝紫砂器价高难得，于是他们就把目光投向了适合工夫茶冲泡且价格适当的本朝孟臣小壶。孟臣壶的特点是手法洗练，胎薄轻巧，线条圆转而富节奏感，出水流畅，尤适工夫茶。于是孟臣壶大热。吴骞在《阳羡名陶录》中记录了张燕昌小时候见到惠孟臣所制之壶："又于少年得一壶，底有真书，'文杏馆孟臣制'六字，笔法亦不俗。"之后吴骞又讲到了自己见到过的孟臣壶："海宁安国寺每岁六月廿九日香市最盛，俗称齐丰宿山。于时百货骈集，余得一壶，底有唐诗'云入西津一片明'句，旁署'孟臣制'，十字皆行书。制浑朴，而笔法绝类褚河南，知孟臣亦大彬后一名手也。"《江苏省志·陶艺人名录》记载："惠孟臣，不详何时人。精制茗壶，形制浑朴，为时大彬之后一大名手。雍正初年就有人仿制孟臣壶，后仿制者日见增多。其作品朱紫者多，白泥者少，小壶多，中壶少。"

若琛杯，即宝贝小杯，表珍贵之意。《辞海》释"琛"："珍宝。《诗·鲁颂·泮水》：'来献其琛'。""若琛珍藏"，即可珍藏之雅器。若琛杯诞生在康熙年间，也有款写"若深杯"。有观点认为若深是人名，有两种传言，一是其为康熙皇帝的近臣，二是其为景德镇之匠人，均无凭可考。还有观点认为是某个工匠把"琛"字错写为"深"，其后以讹传讹。笔者认为也可能是另一种意思，即某人写"深"意表"杯浅乾坤大"，喻茶道之广博。究竟"若琛"，还是"若深"？仁者见仁吧。笔者所见文献资料中最早提记"若琛"二字的见于同治、咸丰年间张心泰所撰的《粤游小识》中："潮郡尤嗜茶，其茶叶有大焙、小焙、小种、名种、奇种、乌龙诸名色，大抵色香味三者兼备。以鼎臣制宜兴壶，大若胡桃，满贮茶叶，用坚炭煎汤，乍沸泡如蟹眼时，瀹于壶内，乃取若琛所制茶杯，高寸余，约三四器匀斟之。每杯得茶少许，再瀹再斟数杯，茶满而香味出矣，其名曰工夫茶，甚有酷嗜破产者。"

漳浦县隶属于漳州市，泉州、厦门、漳州三个地级市位于闽南地区，历史上闽南与潮汕是同宗同源的关系。最早从事武夷茶制作和出口贸易的漳州人带动、影响了潮州的制茶工艺与潮汕饮茶习俗，所以这些地区自古饮茶之风盛极。《清朝野史大观》记载："中国讲究烹茶，以闽南之汀、泉、漳三府，粤之潮州府工夫茶为最。"乾隆年间《龙溪县志》也记载了其时漳州人茶风之盛："以五月至则斗茶，必以大彬之罐，必以若琛之杯，必以大壮之炉，必琯溪之扇，盛必以长竹之筐……有其癖者不能自已，穷乡僻壤亦多耽此者，茶之费岁数千。"咸丰年间的《闽杂记》记载："漳泉各属，俗尚工夫茶。茶具精巧，壶有小如胡桃者，曰孟公壶，杯极小者名若深杯。茶以武夷小种为尚，有一两值番钱数圆者。"综上所述，"茗必武夷，壶必孟臣，杯必若琛"的工夫茶泡法已经自康熙年间起渐行其道。

　　武夷茶（青茶）的产生及泡法影响了闽南、潮汕地区的工夫茶。那么武夷茶及其泡法是怎么产生的呢？要把这件事情说清楚，我们得返回明代，从烘青绿茶的始祖虎丘茶讲起。纵向来看，虎丘茶衍生了大名鼎鼎的松萝茶，松萝茶又催生了艳惊天下的闵老子茶，这才有了源出闵老子的松萝茶的工夫泡法。而松萝茶的工艺又导致了乌龙茶（青茶）在武夷山的诞生，松萝茶的工夫泡法继而影响了武夷茶的品饮方式。

↓ 明成化　斗彩四季团花果纹杯　台北故宫博物院藏

不晚于嘉靖年间的明中期，炒青散茶经过虎丘寺僧的改良，开创了我国绿茶焙、烘的先河，使得香清味甘的烘青绿茶诞生在了苏州的虎丘。烘青绿茶是通过炭火产生热量，利用热风对茶叶进行干燥。得益于湿热作用，烘青绿茶的干燥过程中茶叶内可溶性糖类与氨基酸会有明显增加，虽然香气略低于炒青绿茶，但整体口感更加淡雅舒适。彼时明人追求闲适、清雅、恬静的生活，茶以寄情，故烘青茶的出现极合乎士人的审美情趣。文徵明对其有"烟华绽肥玉，云蕤凝嫩香"，"重之黄金如，输贡堪头纲"的赞语。青藤老人徐渭在他的五言律诗《谢钟君惠石埭茶》中说："杭客矜龙井，苏人伐虎丘。"伐是夸耀的意思，可见虎丘茶之美。隆万之际，独擎文坛大旗二十年的"后七子"领袖王世贞赞虎丘茶为"虎丘晚出谷雨候，百草斗品皆为轻"。文徵明的曾孙文震亨在他的《长物志》里说："虎丘、天池，最号精绝，为天下冠……得一壶二壶，便为奇品。""堪头纲""伐虎丘""精绝""天下冠""奇品"，文人墨客的溢美之词都为虎丘茶集于一身，可见此茶之精绝。明代地理学家王士性在《广志绎》里记载："虎丘、天池茶，今为海内第一。余观茶品固佳，然以人事胜。其采揉焙封法度，锱两不爽。"

其后精绝的虎丘茶成了官商巨贾眼中的香馍馍，他们经常到寺内强巧豪夺，寺僧备受欺凌。明末文学家褚人获在他的轶事小说《坚瓠集》里记载了一个唐寅写《方盘大西瓜》诗的轶闻："吴令命役于虎丘采茶，役多求不遂，谮僧。令答僧三十，复枷之。僧求援于唐伯虎，伯虎不应。一日，偶过枷所，戏题枷上曰：'官差皂隶去收茶，只要纹银不肯赊。县里提来三十板，方盘托出大西瓜。'令见而询之，知为唐解元笔，笑而释之。"褚人获虽然把此事当作轶闻来记，却让三百多年后的我们看到了其时地方官吏在虎丘山敲茶榨银的事实。虎丘茶竭山之所入，也不满数十

一 明　仇英　《松亭试泉图》　台北故宫博物院藏

斤，地方上的骚扰让寺庙鸡犬不宁，虎丘寺方丈一怒之下将茶树全部砍除，以绝烦恼根源。这件事被文震孟记入了他的《薤茶说》。《松寮茗政》也说："明万历中，寺僧苦大吏需索，薤除殆尽。文文肃公震孟作《薤茶说》以讥之。至今真产尤不易得。"茶树被砍后，有个懂得做茶工艺的和尚离开了寺庙。他这一出走不要紧，引出了茶史上一个新茶品的出现即大名鼎鼎的松萝茶。正是松萝茶的横空出世，才导致了后来乌龙茶在武夷山的诞生。

离开寺庙的和尚的名字叫大方。明隆庆年间（1567—1572），大方来到了现在安徽省黄山市休宁县休歙边界黄山余脉的松萝山结庵而居，采摘当地的山茶，施以虎丘茶的制茶工艺把它们做成绿茶。当地的茶客哪里见过这种甜淳香幽的精绝烘青绿茶，于是争相抢购，并顺理成章地把这种茶称为"松萝茶"。传承了虎丘茶衣钵的松萝茶的诞生，在中国茶史上留下了浓重的一笔。明代冯时可的《茶录》里记述："徽郡向无茶，近出松萝茶，最为时尚。是茶，始比丘大方，大方居虎丘最久，得采造法，其后于徽之松萝结庵，采诸山茶于庵焙制，远迩争市，价倏翔涌。"明隆庆二年即1568年，也就是大方和尚到松萝山结庐的第二年，闵汶水出生了。闵汶水，休宁人，在十几岁的时候就开始做茶，其人以卖茶为业。对于松萝茶，闵汶水继承了大方和尚的制法并加以改良，"别裁新制，曲尽旗枪之妙，与俗手迥异"，创制了松萝茶的新品牌——闵老子茶。这是迄今为止我在资料上见到的最早有个人品牌的茶类。自此，"闵茶名垂五十年"。其后闵汶水迁居南京桃叶渡，把茶肆开到了六朝古都烟柳繁华之地，这个茶肆就是茶史上鼎鼎大名的花乳斋。明末许多名流雅士均嗜茶，且以能品闵茶为荣，以结交闵汶水为幸，以与闵汶水交往所获得的闲雅为趣。公卿、文人、墨客、士林名流无不雅会花乳斋，登堂啜饮，趋之若鹜，"汶水君几以汤社主风雅"。福建左布政使周亮工曾亲访闵汶水，一品闵茶。回来后他写道："歙人闵汶水居桃叶渡上，予往品茶其家，见水火皆自任，以小酒盏酌客，颇极烹饮态。"明代小品圣手、"茶淫"张岱在公元1638 年到花乳斋暗访闵汶水，为闵汶水"导至一室，明窗净几，荆溪壶、成宣窑瓷瓯十余种，皆精绝"。二人切磋茶技，引发了中国茶史上最著名的清绝轶事、巅峰对决。（此不赘述，详见拙著《懂点茶道》）。

"茶杯"两个字在宋代已见文字记载，比如陆游的诗《开东园路北至山脚因治路傍隙地杂植花草》："藤杖有时缘石磴，风炉随时置茶杯。"南宋刘克庄的诗《谢诸寓贵载酒》："景迫桑榆欢意少，相依药碗与茶杯。"

↓ 明　成化　青花丰登杯　台北故宫博物院藏

历史上第一个把"茶杯"两个字写到茶书里边的人，是明人冯可宾。在他的《岕茶笺·论茶具》里有如下文字："茶杯，汝、官、哥、定如未可多得，则适意者为佳耳。" 1623 年前后，冯可宾的茶书中出现"茶杯"二字，这个字眼绝不是偶然的出现。要知道，任何新鲜事物的出现都会有它的底层逻辑来做支点。那么"茶杯"出现的底层逻辑支点在哪儿呢？

支点有二。

其一，高度蒸馏白酒的出现。高度蒸馏白酒的出现是在元朝。在这之前，人们所饮用的酒度数低，用来饮酒的那些酒杯或者酒盏的体型是较大的。妇孺皆知的山东好汉武松"三碗不过冈"的故事就很能说明这个问题。在景阳冈前的酒肆里，武二郎连喝十八碗伏虎，要是二锅头的话，早成醉猫了。高度白酒的出现与普及在客观上必然会促使饮酒所用器皿的体型变小即容积减小。

其二，茶人的倡导。在明代，周亮工跟张岱都把"茶杯"的另一底层逻辑支点直接指向了"瞿瞿一老"闵汶水。从文字资料上看，正是明末的闵汶水首开把酒杯当作茶杯使用的先河。作为统御明末饮茶风流的闵汶水不可能不知"茶壶以小为贵……方为得趣""瓯，以小为佳"的道理。花乳斋暗战时，他给张岱沏茶用的是皆精绝的成宣小酒盏且"持一壶满斟"。

近代翁辉东《潮州茶经》称："工夫茶之特别处，不在茶之本质，而在茶具器皿之配备精良，以及闲情逸致之烹制法。"明窗净几、荆溪壶、成宣小酒盏、刚柔燥湿必亲身、水火皆自任、颇极烹饮态，在周亮工跟张岱的笔下，一副活脱的沏茶画面越纸而出，历史上最早的工夫茶泡法诞生了。闵汶水这位"细细钻研七十年"的"水厄"，于无声中在晚明创立了

→ 明 唐寅《煎茶图》台北故宮博物院藏

工夫茶雏形。

清初的武夷山茶仍旧是蒸青绿茶。武夷茶山沟壑纵横，茶树又分布于峰岩之中，采茶时茶农翻山越岭，叶片曝于日光之下，便产生了日晒萎凋现象。鲜叶在茶篮中震动、摩擦，已属摇青，再压放一久，必然会微氧化而致鲜叶边缘变赤红色，用这种茶青做成的绿茶不好喝。清顺治年间，崇安来了一位实干家做县令，他的名字叫殷应寅（任时1650—1653年）。殷应寅看到武夷山那么好的茶青做成的绿茶不好喝，很是焦虑。为了解决这个情况，他很自然地想到了名满天下的松萝茶。于是殷应寅便招募安徽黄山僧人来崇安传授松萝茶的制法，至此，武夷才有了炒青工艺的绿茶，被称作武夷松萝。《武夷山志》载："崇安殷令招黄山僧以松萝法制建茶，真堪并驾，人甚珍之，时有'武夷松萝'之目。"当时的福建布政使周亮工在他的《闽小记》里说："近有以松萝法制之者，即试之，色香亦具足。"然而接着他又说了此种方法下做出的茶的缺点："经旬月，则紫赤如故。"一放，又出现了继续氧化的现象，这说明其时武夷茶的焙火程度不够，工艺还未完全成熟。怎么办？经过武夷人数十载的实验、改进、摸索，终有所成。大致写于清康熙五十五年（1716）王草堂的《茶说》里记载了解决办法，王草堂说："独武夷炒焙兼施，烹出之时，半青半红。青者乃炒色，红者乃焙色也。茶采而摊，摊而搂，香气发即炒，过时不及皆不可，既炒既焙，复拣去其中老叶枝蒂，使之一色。"王草堂说用焙火工艺解决了问题。一经过焙火，茶的颜色乌黑，条索扭曲，真正的武夷乌龙茶出现了。可见，乌龙茶的出现是由于武夷绿茶不好喝，进而引进松萝茶工艺进行改造。而新工艺又在武夷茶的存放上出现了新问题，为了解决新问题又改进了焙火工艺，最终促使了乌龙茶的诞生。松萝茶影响了乌龙茶的诞生，继而松萝茶的工夫泡法又影响了武夷茶的品饮方式。

　　自闵老子松萝茶工夫泡法后，作为品茶的器具盏、瓯开始朝着小型化演进，诸多文献都记载了品饮武夷茶时茶器的小型化发展。乾隆三十一年（1766）福建永安知县彭光斗离任，途经龙溪。他在《闽琐记》中记载："余罢后赴省，道过龙溪，邂逅竹圃中，遇一野叟，延入旁室，地炉活火，烹茗相待，盏绝小，仅供一啜，然甫下咽，即沁透心脾，叩之，乃真武夷也，客闽三载，只领略一次，殊愧此叟多矣。"乾隆五十一年（1786）随园老人袁枚于《随园食单》中记述了其游览武夷山曼亭峰、天游寺诸处并入寺庙饮茶的情景："僧道争以茶献。杯小如胡桃，壶小如香橼，每斟无一两，上口不忍遽咽。先嗅其香，再试其味，徐徐咀嚼而体贴之。果然清香扑鼻，舌有余甘，一杯之后再试一二杯，令人释燥平矜，怡情悦性……故武夷享天下盛名真乃不忝，且可以瀹至三次，而其味犹未尽。"

↓ 小巧的工夫茶杯

他在《试茶》诗中亦说："……我来竟入茶世界，意颇狎视心迥然。道人作色夸茶好，瓷壶袖出弹丸小。一杯啜尽一杯添，笑杀饮人如饮鸟……"

经济发达、物泰民安的闽南地区，漳州人经营武夷茶，品饮武夷茶，其日盛的茶风令"茗必武夷，壶必孟臣，杯必若琛"的工夫茶在康熙、雍正、乾隆时逐步形成。其后，东南沿海商贾、移民来到台湾，如清嘉庆年间柯朝氏从福建引进武夷茶种，种于现在台北县瑞芳山区，被认为是台湾北部制茶的开始。《台湾通史》中说："嘉庆时，有柯朝者归自福建，始自武夷之茶，植于鱼坑。"台湾铁观音是由安溪张氏于清光绪年引进的，植在台北木栅，其后繁殖开来。台湾乌龙茶的产、制技术均来源于福建，由是东南沿海的乌龙茶功夫泡法也随之跨海传香，这在台湾学者连横话语中亦可得到佐证。连横（1878—1936），台湾著名诗人、史学家，被誉为"台湾文化第一人"。连横在其著作《雅堂文集·茗谈》里说："台人品茶与中土异，而与漳、泉、潮相同。盖台多三州人，故嗜好相似。茗必武夷，壶必孟臣，杯必若琛；三者为品茶之要，非此不足自豪，且不足待客。"

现代著名作家林语堂记其品饮工夫茶："茶炉大都置在窗前，用硬炭生火。主人很郑重地扇着炉火，注视着水壶中的热气。他用一个茶盘，很整齐地装着一个小泥茶壶和四个比咖啡杯小的茶杯。再将贮茶叶的锡罐安放在茶盘的旁边，随口和来客谈着天，但并不忘了手中所应做的事。他时时顾着炉火，等到水壶中渐发沸声后，他就立在炉前不再离开，更加用力地煽火，还不时要揭开壶盖望一望。那时壶底已有小泡，名为'鱼眼'与'蟹沫'，这就是'初滚'。他重新盖上壶盖，再扇上几遍，壶中的沸声渐大，水面也渐起泡，这名为'二滚'。这时已有热气从壶口喷出来，主人也就格外地注意。将届'三滚'，壶水已经沸透之时，他就提起水壶，将小泥壶里外一浇，赶紧将茶叶加入泥壶，泡出茶来。这种茶如福建人所饮的'铁观音'，大都泡得很浓。小泥壶中只可容水四小杯，茶叶占去其三分之一的容隙。因为茶叶加得很多，所以一泡之后，即可倒出来喝了。这一道茶已将壶水用尽，于是再灌入凉水，放到炉上去煮，以供第二泡之用。严格地说起来，茶在第二泡时为最妙。"

今天的工夫茶由历史沿革与传统文化沉积而来，已经遍及海内外，渗透在社会生活的诸多角落，在旅游、商业、情感联结等方面发挥着重要作用。翁辉东的《潮州茶经·工夫茶》说："工夫茶之特别处，不在于茶之本质，而在于其具器皿之配备精良，以及闲情逸致之烹制。"社会的变革，生活节奏的加快，时下有些沏茶小壶已为盖碗所替代，砂炉生火、茶铫煮水已经由电炉、电热水器等家用电器完成，大多数的工夫茶停留在了

↓ 明　永乐　青花缠枝灵芝纹碗　故宫博物院藏

解渴、休闲、社交的层面上。回首历史，由闵老子至今，可清晰地看到工夫茶是文人雅士超然品饮之意境的世俗化过程，正如诗歌所表达的："旧时王谢堂前燕，飞入寻常百姓家。"

明政府于立国之初在景德镇创设了御窑厂，专门烧造宫廷御用瓷器，御窑厂成为明官窑唯一所在地。其后政府用"以银代役"的方法代替了元代落后的匠户制度，使得生产力极大地获得了解放，调动了手工业者的从业积极性，陶瓷行业形成了景德镇一家独大的局面。明代永宣青花举世闻名，万历五彩缤纷夺目，且创烧了精彩品种——成化斗彩。单色釉品种繁多，如孔雀绿、翠青、洒兰、影青、冬青、紫金……最有代表的是永乐甜白釉与漂亮的红釉、娇嫩的黄釉。

白色陶瓷从原始社会的白陶器开始，经过北齐范粹墓中出土的最早的白瓷、隋唐代的邢窑白瓷、宋代的定窑白瓷、元代的卵白釉瓷一路走到了明代。明代甜白釉瓷的烧造成功是白瓷史上一个质的飞跃，它的出现极大地改善了后世彩瓷的质量。甜白瓷之前的白瓷是通过工艺来减少铁元素在瓷土、釉料中的含量从而达到瓷器色发白的目的，而永乐甜白瓷则是通过在白色的瓷胎上再施加一层透明釉，这样使得瓷器的整体质感看起来不但色白，而且温润莹洁。永乐甜白瓷胎质细腻，胎体薄，当时的工艺可以令其薄到半脱胎的程度。成化年间，成化白瓷继承了永乐白瓷的特点，工艺更加精湛，胎细釉纯的成化白瓷令成化斗彩和成化青花瓷均取得了极大的成功而享有盛誉。

唐代长沙窑首开彩瓷之先河，宋代有宋加彩，五彩是元代后期创烧之后发展壮大在明代嘉靖、万历年间。明代斗彩也称逗彩，特征是以淡雅的青花釉下彩为底色，与釉上的各种颜色争奇斗艳。斗彩跟五彩都是彩瓷，他们的主要区别是形式上五彩热烈，斗彩清雅。工艺上五彩是把各类颜色

→ 明　成化　甜白釉双龙纹杯
台北故宫博物院藏

→ 明　洪武　鲜红釉锥拱云
龙纹梨式执壶　故宫博物院藏

直接平涂一次烧成，而斗彩则是首先用青花勾勒出图案的轮廓，先烧青花，之后在烧好的青花轮廓内填彩，再烧彩。

　　斗彩在陶瓷史上非常有名且价格不菲，《神宗实录》记载："神宗尚食，御前有成杯一双，值钱十万。"明代《博物要览》记载："葡萄口扁肚靶杯，式较宣杯妙甚。次若草虫子母鸡劝杯……皆精妙可人。"

→ 明　成化　斗彩葡萄纹
高足杯　台北故宫博物院藏

→ 明　成化　斗彩鸡缸杯
美国大都会艺术博物馆藏

瓷
代盛
清业盛 ，
茶器亦
繁荣

百姓盖碗淪泡饮茶的方式在晚清、
民国盛行，此景在那时的茶馆、
戏院等休闲娱乐场所随处可见。

↑ 茶斋外景

清朝建立后，清政府于顺治二年（1645）废除了手工业中的"匠籍"制度。此时景德镇作为全国陶瓷的中心，生产条件和制瓷技术更加全面成熟，陶瓷作坊数量迅速扩张，规模扩大，生产能力得到再次提高。清代，传统的青花瓷得到了进一步的发展；彩绘瓷突飞猛进，品种繁多、造型丰富、釉彩缤纷；珐琅彩、粉彩创烧成功，颜色釉瓷也发展到了鼎盛时期。

自元代以来，青花瓷一直在瓷器生产中占主导地位。到了康熙年间，青花绘画熟练地掌握了分水技法，墨分五彩，浓淡相宜，令画面展现出了丰富的层次。康熙五彩继承了明代五彩的传统技法又加以改进，尤其是釉上蓝彩与黑彩独占鳌头。珐琅彩别称"瓷胎画珐琅"，是清宫御用品种，创于康熙年间，用白瓷做胎，然后施珐琅彩料烧制。草创于康熙后期的粉彩，在雍乾两朝得到了更大的发展，粉彩是在五彩与珐琅彩的影响下而产生的釉上彩品种。《陶雅》记："康熙彩硬，雍正彩软，软彩者，粉彩也。彩之有粉者，红为淡红，绿为淡绿，故曰软也。"粉彩一般是先在高温烧成的白瓷胎上勾勒出需要画的图案轮廓，然后在其上添一层叫作玻璃白的物质，再把彩料施于这层玻璃白之上，入窑烧造。彼时物阜人丰，景德镇出现了"工匠来八方，器成天下走"的陶业盛况，清代制瓷业所取得的这些成就自然而然地反映在了茶器之上。

入清，乌龙茶诞生在了武夷山，黄茶工艺也出现了明确的文字记载，光绪年间名山县（今雅安名山）知县赵懿在其《名山县志》中对蒙顶黄芽的炒焙与用纸包裹茶叶进行闷黄的相关环节做了详细记录："岁以四月之吉祷采，命僧会司，领摘茶僧十二人入园，官亲督而摘之。尽摘其嫩芽，笼归山半智炬寺，乃剪裁粗细，及虫蚀，每芽只拣取一叶，先火而焙之。焙用新釜燃猛火，以纸裹叶熨釜中，候半焉，出而揉之，诸僧围坐一案，复一一开，所揉匀摊纸上，弸于釜口烘令干，又精拣其青润完洁者为正片

↑ 清　康熙　青花松竹梅图执壶　故宫博物院藏

↑ 清　康熙　五彩竹雀图执壶　故宫博物院藏

↑ 清　乾隆　珐琅彩岁寒三友茶碗　台北故宫博物院藏

↑ 清　乾隆　淡绿地粉彩开光菊花图执壶　故宫博物院藏

↑ 清　银镀金里奶茶碗　台北故宫博物院藏

贡茶。"白、绿、黄、青、红、黑六大茶类如缤纷多姿的花朵一同绽放在
清代。

　　作为统治者的满族人，他们入主中原后依然保留着其在塞外饮用奶茶
的习惯。奶茶是用牛奶、茶叶、盐、水混在一起用火熬煮出的饮品，是清

↑ 清　瓷仿木纹多穆壶　台北故宫博物院藏

代宫廷中每日不可或缺的饮料。酥油茶是蒙古族、藏族民众喜欢的一种茶类，他们把茶加入适量的酥油、盐、牛奶中熬后饮用，所用器具是盛装酥油茶的多穆壶。

↑ 清　乾隆　掐丝画珐琅酥油茶罐　台北故宫博物院藏

→ 清　雍正　松石绿釉茶杯　台北故宫博物院藏

　　清代，各地的贡茶云集宫廷，汉文化的陶染使得满族统治者除了本民族传统奶茶的饮用外，亦保持了汉人的品饮方法与茶器使用方法。康熙、雍正、乾隆三代君主好茶，带动了其时整体茶器与茶风的兴盛。宫廷茶器材质繁多、形式多样，均达到极高水准。

　　《太平春市图》为御用画家丁观鹏作于乾隆七年（1742），画家所绘的是城郊河岸边古人生活场景，实则反映的是乾隆盛世。图中树下饮茶人手捧青花瓷茶杯饮茶，身旁朱漆托盘上放置的紫砂大壶、青花瓷茶杯，身后装水的绿地缠枝花卉大壶，这些茶器均为乾隆时期宫廷用器。

↑清　乾隆御用白玉茶壶　台北故宫博物院藏

↑清　慈禧御用盖碗　台北故宫博物院藏

↑ 清　丁观鹏《太平春市图》　台北故宫博物院藏

←《太平春市图》（局部）

清朝建立后，在满族统治者一手打压、一手拉拢的特定社会历史背景下，清代的文人要么反清失败隐居，要么侍清从政居官。其后文字狱的出现，让文人们活得因循谨慎，更多的人转向了俯首古籍、考据天地的学问之路。于茶来讲，清代文人已经没有了明代文人以茶雅志的抱负，茶对他们来说更多的是释放，让自己身处其中以舒缓内心的压抑，继而汲取些许人生快乐。

↓ 清　金廷标　《品泉图轴》　台北故宫博物院藏

　　金廷标的《品泉图轴》描述了林中月下，一文士溪畔独坐，手握白瓷茶杯啜茗。身旁两小童，一童汲水，另一童于斑竹炉旁拨碳侍火。茶具有斑竹炉、紫砂茶壶、白瓷茶杯、四层提篮、水罐、水勺。引人注目的是斑竹茶炉四脚绑着提带；提篮分为四层，每层内可分装茶叶、炭火等不同物品。这是一种在清代用于外出旅行的茶器套装，颇有新意。

　　接下来，我们聊聊沏茶利器——盖碗的前世今生。故宫博物院有一件北宋瓷器，标注为"定窑酱釉盖碗"，此盖碗通高 6 厘米，口径 12 厘米。这个盖碗的功能与沏茶所用的盖碗功能是不一样的，这个盖碗是一个盛装器，它是储存物品用的。明代朱元璋废团兴散后，成品茶的形式变为散茶，于是发展出了壶内冲泡及茶碗"撮泡"为主的沏茶形式。明代中期，出于茶汤保温及饮茶卫生的需求，人们在用于撮泡散茶的茶碗上增加

↓ 北宋　定窑酱釉盖碗　故宫博物院藏

↑明　仇英　《竹院品古》（局部）　故宫博物院藏

　懂点茶器

一 明　丁玉川　《独坐弹琴图》　浙江省博物馆藏

了一只盖子，由此作为饮茶器的盖碗出现了。我们在明中期画家仇英、丁玉川的绘画中，可以看到相关情形。

早期的盖碗其盖子直径是大于或等于茶碗的碗口直径的。日常生活中，人们发现这样的盖子放置不稳，于是进行了改造，把盖子缩小，使之可以扣于茶碗碗口之内。清代康熙年间使用盖碗饮茶开始流行起来，盖碗饮茶时也可用碗托配合使用，碗托能起到隔热作用，这与唐、宋时期的茶托作用相同。清代富裕人家碗托多见金、银、锡托或朱漆木托，它们与所托之盖碗多不是一体的，而是搭配使用的。百姓盖碗瀹泡饮茶的方式在晚清、民国盛行，此景在那时的茶馆、戏院等休闲娱乐场所随处可见。现在所谓的"天地人"三才盖碗即碗托、碗身、盖子三者统一设计、配为规整的一套，就出现在那时。"天地人"三才盖碗并不是什么古老的器物，其碗托、碗身、盖子三者一次烧成，在当时来讲目的只有一个，节省成本。

在清代还有一个与当时盖碗外形稍有差异的茶器叫作盖钟，盖钟亦为饮茶器。它的样子就像一个倒扣过来的钟形，其唇口向上折起形成的口沿正好跟盖子扣合，这个设计新颖实用。这个折口如果继续外撇，就跟当下我们用的瀹茶器盖碗无异了。

现代盖碗进行了一次功能转变，从过去的个人泡茶、饮茶器转化为公用的瀹茶器。古代盖碗口沿直，如果作为瀹茶器，当我们掐捏着碗口出水时必然会出现烫手的现象，为了有效避免此现象，人们就将盖碗的碗口改为了角度适宜的撇口，这样再如何掐捏，碗口都不会烫手了。在此也提醒茶友，选购盖碗的时候一定要注意撇口角度的合理性。我在市场上见到过很多盖碗，甚至包括一些品牌厂商，他们的盖碗撇口角度都是不合理的，都是烫手的。事实证明会做瓷器的朋友不见得懂得如何制作适手的茶器，任何事物都要通过实践才能获得真知。

← 清　康熙　宜兴胎
画珐琅四季花卉盖碗
台北故宫博物院藏

← 清　康熙　宜兴胎
画珐琅四季花卉盖钟
台北故宫博物院藏

↑ "耕而陶造"祭红盖碗

景德镇双无，小巷访三哥德

每一次地端详，
都让我感到他们的
心灵跟我的心灵
在同一个瓷片上
竟频率相同地震颤。

昌江发源于安徽省祁门县大洪岭西南麓，流经红茶产区安徽祁门县，过倒湖进入江西省境内。接着一路向西，由鲇鱼山至鄱阳县注入鄱阳湖，直通长江。昌江进入江西境内后，流经了一个举世闻名的小镇，它就是世界陶瓷业圣地——景德镇。千百年来，"白如玉、明如镜、薄如纸、声如磬"享誉寰宇的景德镇瓷制品就是经由此条水道一路前行，绘出了"匠从八方来，器成天下走"的宏图。

　　景德镇，东晋称新平镇。唐武德四年（621）始置新平县，新平镇属之，以在昌江之南，又称昌南镇。北宋真宗景德年间，景德镇创烧出了著名的瓷器品种影青瓷（即青白瓷），明代宋应星《天工开物》称影青瓷为"素肌玉骨"，影青瓷以优良的质地赢得了皇室的喜爱，遂成为皇家御

↓ 景德镇御窑厂

用瓷器。其时所造瓷器上有"景德年制"款，因此该窑被称为景德窑，昌南镇也因而改名为景德镇。到了元代，元政府在景德镇设立了"浮梁瓷局"，这是明清两代御窑厂的前身。宋末元初景德镇瓷石加高岭土"二元配方"的使用，使得瓷器的烧成温度提高、变形率大大降低，令中国瓷业迎来了崭新的发展。元代的景德镇创烧出了著名的卵白釉瓷和具有划时代意义的青花瓷。尤其是青花瓷的创烧成功，引领风骚数百年，一举奠定了景德镇成为世界瓷都的坚实基础。

明清两代，景德镇窑火极其繁盛，明人缪宗周语："陶舍重重倚岸开，舟帆日日蔽江来。"清代查慎行说："浮梁县西开画栋，御厂烧瓷供

↓ 景德镇御窑厂遗址

辇送。江天漠漠生黑云，百灶烟浮日光动。"随着生产规模的扩大、工艺的不断提高，五彩、珐琅彩、粉彩以及各类单色釉等斑斓多姿的瓷器在景德镇相继诞生。

历史上景德镇官窑器物烧造中"郎窑""年窑""唐窑"都很有名，尤其值得一提的是仿古、创新五十七个瓷器品种，被誉为"前无古人，后无来者"的清代督陶官唐英。唐英（1682—1756），字隽公，清代制瓷家，能文善画。

↑ 唐英像

雍正六年至江西景德镇御窑厂协理窑务，后任督陶官，历经雍、乾两朝，尽出精品。《清史稿·唐英传》记载："顺治中，巡抚郎廷极所督造，精美有名，世称'郎窑'。其后……年希尧曾奉使造器甚夥，世称'年窑'。英继其后，任事最久，讲求陶法，於泥土、釉料、坯胎、火候，具有心得，躬自指挥。又能恤工慎帑，撰陶成纪事碑，备载经费、工匠解额，胪列诸色絣釉，仿古采今，凡五十七种。自宋大观，明永乐、宣德、成化、嘉靖、万历诸官窑，及哥窑、定窑、均窑、龙泉窑、宜兴窑、西洋、东洋诸器，皆有仿制。其釉色，有白粉青、大绿、米色、玫瑰紫、海棠红、茄花紫、梅子青、骡肝、马肺、天蓝、霁红、霁青、鳝鱼黄、蛇皮绿、油绿、欧红、欧蓝、月白、翡翠、乌金、紫金诸种。又有浇黄、浇

↑清　王致诚　《陶冶图卷》（局部）　香港海事博物馆藏

紫、浇绿、填白、描金、青花、水墨、五彩、锥花、拱花、抹金、抹银诸名。奉敕编陶冶图，为图二十……各附详说，备著工作次第，后之治陶政者取法焉。英所造者，世称'唐窑'。"唐窑继往开来，在陶瓷艺术的仿古、创新等诸多方面均取得了巨大成就，为后世留下了宝贵财富。

《天工开物·卷中·陶埏》记载："共计一杯工力，过手七十二方克成器。其中微细节目尚不能尽也。"一件完整的器物要经过选矿、烧矿、运石、碎石、筛洗、炼泥……拉坯、利坯、修坯、素烧、分水、挂釉、绘画、填染、烧窑等七十二道由不同匠人依照各自分工分别完成的工序方可做成。可见其时分工协作极其精细，这种分工依然影响着当代景德镇的制瓷工艺。

民国时期社会动荡，经济萧条，景德镇瓷业生产全面衰退，进入了历史的低潮。"五四"新文化运动后，以"珠山八友"王琦、王大凡、汪野亭等人为代表的景德镇瓷画艺术家们以传统书画的用笔技法将粉彩工艺与浅绛彩瓷艺术形式融合，以瓷代纸，以画入瓷，再加上诗词、歌赋、题款、用章，把中国文人画与陶瓷制品有机结合到了一起，构成了独具魅力的陶瓷艺术形式，形成了影响深远的"珠山画派"，并盛极一时。新中国建立后至上世纪九十年代初，景德镇瓷陶瓷品种发展到 20 个大类、2000多个器型、7000 多个画面，形成了日用瓷、仿古瓷、建筑瓷等门类齐全的陶瓷产品体系，远销 130 多个国家和地区。改革开放以后，很多国营厂关停、改制，景德镇的民间制瓷业开始繁华起来。既然处在市场经济下，人们很自然地把赚钱放在了第一位。劳有所得无可厚非，但不得不正视的是陶瓷制品市场鱼龙混杂，亦有粗糙伪劣之现象。

不是所有人都深陷物欲的陷阱。阮顺荣是位四十有五，家中排行第三，土生土长的景德镇汉子。在瓷都景德镇，与他熟识的匠人们无论年龄大小、男女老少，都称他作"三哥"，以至于我这个老大哥每次见了他的面也要笑着尊他一声："三哥。"

三哥是一个精干而能力超强的人，二十几岁开工厂，那时就已经成了年轻人里的佼佼者。让人意想不到的是，这个日进斗金、成功经营瓷器的年轻人，不经意的某一天后突然在人们的视野中消失了。坊间传闻他十七年不出家门一步，不跟外人说话，每天就坐在自家小楼上看着满屋子的古瓷片发呆。发完呆后到楼下院子中的小屋烧窑，然后把烧出的东西打碎倒掉，继续上楼看满屋子的古瓷片，继续一个人发呆。"这个人精神不正常，有病了"，景德镇认识他的人们基本都这么说。直到十七年后他

景德镇原矿手工茶杯

"病好了"，走出家门。"治愈"他的是这些年来三哥一直潜心研究的古代胎釉呈色特点的断代复原，外面的人们这才反应过来，纷纷闭住了嘴。原来，十七年前从事仿古作业的三哥发现，每每做出的即使是被人们夸赞的仿古器物，在自己看来也总是跟古代实际器物有着微妙的差距，用景德镇本地行话讲就是作品总是"差一口气"。这口气到底差在哪里呢？自小就喜欢寻微探秘的三哥遂来了兴致，二十多岁的他一头钻进了探究实验的世界，这一进就是十七年。孔子在齐闻《韶》，三月不知肉味，曰："不图为乐之至于斯也。"农耕文明下，吃肉是最香的事儿了，孔子闻《韶》乐竟然觉得肉都不香了。现代文明下居然有舍弃花花世界的诱惑而醉于闻瓷片之香的怪人，这让我很是好奇。一个机缘下，我走进了这个"怪人"的世界。

数年前在工作室初见三哥，眼前一亮，这是瓷界的陆羽吧？衣衫不整，衣领子一边平倒一边立正，斜叼着支冒着青云的纸烟卷，右手里盘着一个青花瓷的小把件儿，眯着眼站在那儿，一副闲云野鹤的样子。慢慢相处，渐渐熟识，某年后的一天，为了探求真伪，我笑着问："三哥，过去都说十七年来，你不出家门

→ 分门别类的古瓷碎片

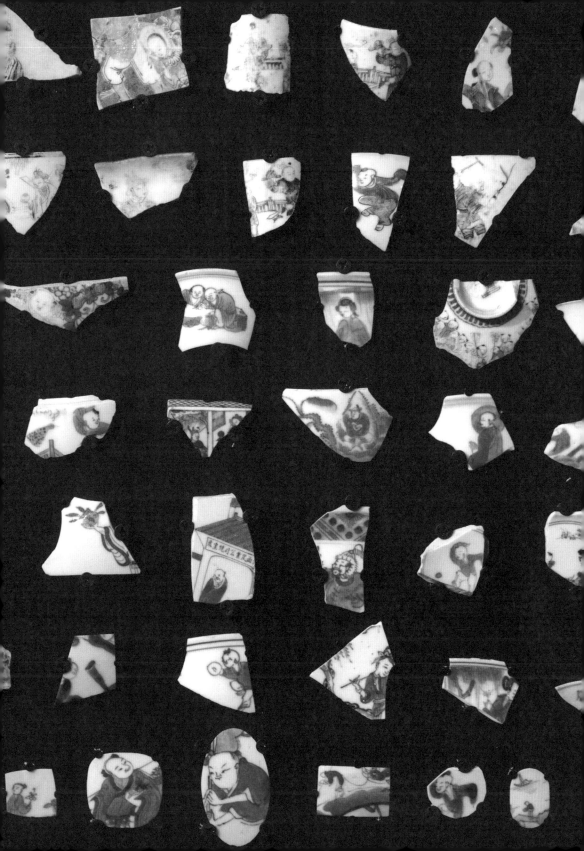

一步，这是真的吗？"他说："差不多，除了进山选料，一般是在家里边烧东西边研究古瓷片做比较，不出门，也不见人。""不烦闷吗？""烦闷什么，这是真理的事业，你在思考这些东西的时候，你就知道你是在跟永恒和不朽对话。跟永恒和不朽对话，你说会烦吗？"三哥停顿了一下，继续说："在这个对话过程里，可以让你渐渐摆脱日常生活的利害关系，摆脱对现实利益的纠葛，别误会，我说这些不是指让你出世，而是说这个过程的经历会教给你更好地爱生活，爱事业，爱你身边的每一个人。"

三哥把我让进了他的档案室，指着分门别类的碎瓷片对我说："每一次在小楼上看着这些瓷片，这些几百、上千年前的瓷片，年代虽然离我们久远，可它们身上依然焕发着让我想要走进去的东西。我从没觉得它们背后是遥远不可及的一些古代同行，我的感觉是那些人都是跟我们一样的同时代的人，仅仅未曾谋面而已。每一次地端详，都让我感到他们的心灵跟我的心灵在同一个瓷片上竟频率相同地震颤。直觉告诉我，这些瓷片应当也必然会替我们回答当下我们所处的陶瓷时代所面临的问题。"失败、失败、略有收获，改进、失败、继续失败……一次接一次的失败，打击了三哥有限的感知，但也同时激发起了他内心想要超越这些失败的力量。对三哥来说，窑中的火不仅是纯粹的物理现象，也是人的灵魂在燃烧，某次少许的进展，于火中与瓷的问答，三哥觉得他聆到了古人的心声。讲到这儿，他快乐地咧嘴笑了。亚里士多德说："喜欢孤独的人，不是野兽便是神灵。"我看三哥是二者兼具了。白天，他要以野兽般的猛，擎着世间的冷与别人的误解。夜晚，又把自己全部的温柔与灵感，付给他的那个瓷的世界。李商隐的《北青萝》写得好："残阳西入崦，茅屋访孤僧。落叶人何在，寒云路几层。独敲初夜磬，闲倚一枝藤。世界微尘里，吾宁爱与憎。"

瓷胚入窑烧制

"美是难的"，苏格拉底如是认为。跟三哥学习的那几年中，我在他的工作室里实际体验了成品瓷器的诞生过程，从选矿到炼泥，从拉胚到釉料，从分水到题字，从满窑到烧造……用行业话说"七十二道工序"一样不落。期间三哥都是亲力亲为，像一根有张力的线，把各道工序和谐地串到了一起。他说："每一步都得精益求精，一个环节松弛，彻底报销。即使你把这些都做到了，充其量仅是个优秀的工匠。你若把自己的情感状态放到物件里，能带着它们一起进入赏者的心灵中去，如是，器，才具有了它存在的价值，这是最难的。当下的一些物件，陷于工艺技法，繁文缛节，缺乏血与灵，太多的弱不禁风，太多的喃喃自语。"我说："是的，有同感。这些年看市场上的东西，千篇一律。昨天逛瓷器市场，看一个商店内卖的杯子的图案，感觉就是一艘航空母舰，雷达，导弹，近防系统，战斗机，预警机，直升反潜机，应有尽有，作者真是用了功夫，可好看吗？"三哥说："这个事挺无奈，人的精神物化、退化了，多一些'无

↓ 绘制《制瓷图》茶杯

论贩夫走卒还是引车卖浆者流，都要做收拾精神、自作主张的大英雄'就好了。"

"外面的人们总是以为我是在从事断代胎釉的复原工作，这个实际是表象的理解。我做它的目的不仅仅是通过化学方法再现那个事物，更重要的是为了再现它曾经引起过的我们的感动。我就是想把这种感动通过瓷之美再度重现到时下现代人的眼中及至心灵，帮助我们面对并回答这个行业在新时代向我们所提出的问题，并且能够让我们的后人跟我们一样随时能在观赏到的前人所制的物件中取出这份情感。虽然小成，但还在路上，不敢懈怠。"

三哥在桌前斜着身子为青花图案分水、题字。那是朵清芬六出的栀子，栀子的花语是"真爱"，题字是唐代何兆的"芙蓉十二池心漏，蒼卜三千灌顶香"。蒼卜即栀子花，栀子洁澄，与佛家有渊源，在南宋已被称作禅友，它既能清净本我又能度人，具醍醐灌顶之法味。三哥一边写，嘴里一边轻声嘟囔："你未看此花时，此花与汝心同归于寂；你来看此花时，此花颜色一时明白起来。"见我在听，他眯着一双天生的细眼腼腆地笑了，说"就快完工了"，接着又低下头干活。

我问："三哥，在你眼里，传统与创新是怎样的一个关系？"三哥抬起头，想了想，说："嗯，传统是还活在我们心里的那个生机勃勃的过去。滋养、发展这个生机勃勃的过去再让它结出新的果实，就是创新。"我惊喜地笑了："三哥，你是天才啊，说得如此贴切易懂。"他说："我哪里是天才，外国那个叫爱因斯坦的人才是天才，充其量我是能吃苦、耐得住寂寞而已，对它的爱使然。在景德镇如果你深入地转下去，会遇到很多这样的人，他们因袭了历史的渊源，扛住了传承的重担，启迪着后辈的成长，他们是景德镇瓷业千百年来生生不息的薪火。"

在这儿，我见识了瓷都景德镇一个民间匠人对传统国粹的继承与创新，也明白了正是像三哥这样卧虎藏龙于民间、孜孜以求、极具匠心的普通人群的奋进，必定会令国瓷的明天更美好。

看着坐在我对面的这个由于长时间专一工作而导致肩颈都已经位移变形的中年汉子，不知怎的，我的眼眶瞬间有点湿润，冥冥中古希腊诗人西摩尼德斯的《温泉关口墓碑铭》飘过耳际："过路人，请传句话给斯巴达人，为了听从他们的嘱托，我们躺在这里。"

→ 阮顺荣先生在为青花瓷分水

选中国
会器，好中
学美好茶

泡好茶
国

那块瓷土非是
为匠人制作，
而是为其所开启。
开启，让它有了人间烟火。

"茶之为物，可以助诗兴而云山顿色，可以伏睡魔而天地忘形，可以倍清谈而万象惊寒"，茶为我们带来诸般美妙，我们这些爱茶的人就更该珍悯天物，不可负它才好。下面笔者就根据自己的经验来聊一聊如何挑选茶器，如何泡出一杯香甜适口、悦目怡神的茶汤来，供茶友们参考。

　　"水为茶之母，器为茶之父"，首先说说沏茶之水。我们来看看古人泡茶是如何选水的。古人选水不外天水（雪、雨水）、山泉水、江水、湖水、井水。唐代茶圣陆羽在《茶经》中说："山水上，江水中，井水下，其山水，拣乳泉石池漫流者上。"从现代科学角度来讲，"其山水，拣乳泉石池漫流者上"说明经石层过滤了的山泉水硬度低，水质甘冽。宋朝《大观茶论》的作者宋徽宗说，选水要"以清轻甘洁为美。轻甘乃水之自然，独为难得"。"平湖几里风香荷，荷花叶上露珠多。瓶罍收取供煮

↓ 雅致杯承

茗，山庄韵事真无过。"这首诗是乾隆皇帝在避暑山庄避暑时写的。看这位天子对泡茶的水有多讲究，他选择荷花叶子上的露水来沏茶。实际露水就是蒸馏性质的水，水轻，纯净度高，硬度低。上面三位历史上的大茶家用水有一个共同点，他们选的水都是硬度低，纯净度高。为什么用硬度低、纯净度高的水来沏茶呢？现代研究表明，水中所含钙、镁、铁、铝、锌等离子的浓度越低，水对茶的干扰性就越小，茶汤中糖类、氨基酸、茶多酚、有机酸等物质的浸出率就越高，茶汤滋味更醇厚，回味更强。

不单是诗文中，小说里也同样描写过用轻水沏茶的场景。《金瓶梅》第二十一回《吴月娘扫雪烹茶 应伯爵替花邀酒》里写道："西门庆把眼观看帘前那雪……端的好雪。但见：初如柳絮，渐似鹅毛。唰唰似数蟹行沙上，纷纷如乱琼堆砌间……吴月娘见雪下在粉壁间太湖石上甚厚，下席来，教小玉拿着茶罐，亲自扫雪，烹江南凤团雀舌芽茶与众人吃。正是：白玉壶中翻碧浪，紫金杯内喷清香。"多美的场景，寻常的雪夜都过得那么诗情画意。这种扫雪烹茶的曲尽其妙之境我辈是碰不上了，古代的空气多好呀，土壤多好呀。现在呢，大气、土壤严重污染，这些导致雪水、雨水已经不能再用于泡茶了。

那我们日常该如何找到最适宜泡茶的水呢？明代田艺蘅在他的《煮泉小品》里写道："鸿渐有云：'烹茶于所产处无不佳，盖水土之宜也'，此诚妙论。"在古代茶家看来，最宜茶的水就是茶树生长之地的水。大家知道，水是茶树的主要成分，也是茶树进行光合作用、产生有机物的重要原料，它直接影响着茶叶的品质。可以说，水相伴了茶的一生，水哺育了它，成全了它，圆满了它。依据相似相溶原理，用当地的水来泡当地所产的茶，这个于古人来讲是最好的选择。打个比方说，就像咱们家里吃完饺子都爱喝碗饺子汤，原汤化原食嘛！难题来了，假如在长春买了二两明前

↑ 银壶煮水

头采西湖狮峰龙井，要从长春跑到杭州背回虎跑泉的水来沏茶，太不现实了。我们得到产茶之地的水有难度，天然之水又被污染，多数不能用，怎么办？综合考虑用水的安全性、茶汤的适用性、取水的便捷程度，我推荐大家就到当地市场去买合格的纯净水来沏茶。

为什么要选择纯净水呢？这是两方面原因决定的。首先，茶汤里的茶多酚是含有酚性羟基的，这使得它在茶汤内可以游离出氢离子，所以茶汤呈弱酸性，它的 PH 值小于等于 7。这一点就告诉我们，泡茶用的水应该使用弱酸性或中性的，而不要去用碱性水。其次，我们来看看制茶过程。一片茶树的鲜叶里水分约占 75%，干物质约占 25%。鲜叶从茶树上被采摘下来，经过摊晾、萎凋、杀青、干燥等一系列工艺而做成了成品干茶，这时候成品茶的含水率一般在 6% 以下。制茶其实就是一个让茶叶失去水分

↓ 茶山清溪

的过程。沏茶的过程却相反，是一个让茶叶吸收水分的过程。那么大家想一下，在沏茶这个吸收水分的过程当中让茶叶吸收哪种水分最好？一定是吸收它失去的那个原汁原味的水才是最好的。制茶时从茶叶当中散发出去的水分本质上就是没有硬度的纯净水——化学结合水与物理吸附水。这就很明白地看出，纯净水对茶的干扰是最小的，纯净水必然是沏茶的首选。前文所说古人用当地之水来泡当地所产的茶，这其实是古人在农耕社会里得不到纯净水的选择。

为什么不首选矿泉水或自来水呢？因为二者所含矿物质相对较多，会影响茶汤的本味。比方说钙离子、铁离子会跟茶汤中的草酸、酚类物质发生化学反应形成沉淀，使茶汤色泽变暗、不扬香。很多城市自来水里用来消毒的氯气较多，这样也会干扰茶汤，让沏出的茶水喝起来有异味，大大损伤茶的味道与香气。

水选好后，接下来就该选择茶器了。用于煮水的壶，沏茶器盖碗或紫砂壶，一个匀杯，品饮茶汤的茶杯，观赏、承载茶叶的茶荷，量取干茶亦可拨茶入器的茶则，收集茶渣、废水的滓方，清洁茶器外壁及吸附散落水渍的茶巾。"铜腥铁涩不宜泉"，煮水壶首选银壶，其次砂壶。沏茶器我们选择盖碗与紫砂壶，盖碗要选择撇口角度合理、不烫手的高温瓷。高温瓷器胎体致

↑ 茶杯题款

密，釉水致密，既保证了饮者健康，也使得茶水中的色素侵入不到内壁，不易挂垢，洗刷起来简易方便。紫砂壶也要选择高温烧造的产品，万事健康第一。沏茶器容量以够用、好用为准，明代隐于洞庭西山的张源论饮茶："饮茶以客少为贵，客众则喧，喧则雅趣乏矣。独啜曰神，二客曰胜，三四曰趣，五六曰泛，七八曰施。"从笔者实际使用经验来看，沏茶所用盖碗、紫砂壶的容量控制在100—150毫升，小巧实用，是最适宜的，这个容量区间足可应对1—4个人品饮。匀杯约出现在二十世纪七十年代，此前人们沏茶是不用匀杯的，茶汤直接由茶壶注入茶杯或者用茶杯（碗）散泡。匀杯不但利于观察汤色，而且它的出现解决了一个很实际的问题，可以保证每位饮茶者由匀杯分到的茶汤浓度是相同的，即品饮口感一致。

时至今日，我们饮茶时面对的是白、绿、黄、青、红、黑六大茶类，面对汤色各异的茶类，一定首选内壁为白色的茶杯，这样才能准确表达出每一种汤水的色泽。一只茶杯，它的器型高矮、胎体厚薄、口沿形状、图

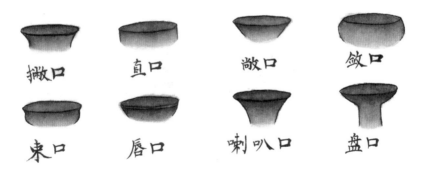

↑ 杯口形状

茶席上的品杯

案纹饰、内壁颜色、烧结温度综合影响着我们品茶时的感觉。选择茶杯要以符合人体工学的握持及口唇与杯沿的接触均感舒适为佳。杯口形状众多，敞口、唇口、束口、直口、敛口、撇口、喇叭口、盘口……怎么选择？对饮者来讲，杯体口沿首先要细致光滑，其后要以"杯唇相融"为选择依据，一如贴身衣物，越是穿在身上没感觉，才越是舒服。依照着这个

↓ 薄壁茶杯

感觉去选，定不会错。

一般说来，品茶小杯的杯口直径以 60 毫米左右为宜，杯子容积 55 毫升左右；大一点的主人杯，杯口直径最好不超过 80 毫米，杯子容积 100毫升左右。"茶满欺人"，注茶汤量以不超杯子容积的 3/5 为宜。无论底足为圈足、卧足，或凹或凸，挑选时都要以杯子整体重心平稳为前提。杯型的阳刚或柔美，因人而异。物理常识告诉我们，高温扬香，汤水温度高可以使茶叶中的芳香物质得以更好地挥发。同样的茶叶、同样的茶器，沏出来的茶汤香不香，只取决于沏茶的水温，温度越高，茶叶中的芳香物质挥发得越好。时下很多朋友不知道从哪里学来的用高冲的方法沏茶，他们沏茶时把煮水壶高高举起，理由是高冲可以用水的力量把香气砸出来，这真是让人哭笑不得。大家想，高冲延长了水流自壶嘴至沏茶器的路径，路径延长，损失的必然是水的温度，高冲能令茶更香吗？正确的方法是尽可能地降低注水点，缩短壶嘴与沏茶器之间的距离。

相对而言，胎体薄、身量修长的茶杯比胎体厚、身量矮小的茶杯容易聚香。胎体薄，杯子吸收茶汤热量就会少，从而有利于汤水保持高温，利于扬香；胎体厚，杯子吸收的茶汤热量就会多，从而降低了汤水的温度，不利于扬香。胎体薄，茶汤在杯内初段降温慢，是以起香；后段降温快，令茶汤易冷，便于及早入口。这个道理就是《潮州茶经》作者翁东辉所讲："精美小杯……质薄如纸，色洁如玉，盖不薄则不能起香，不洁则不能衬色。"胎体厚实的杯子特点是茶汤在杯内初段吸热较多，汤水降温快，但后段降温慢，保温效果较好，便于悠品慢啜，适合冬季使用。需要注意的是，人的口腔跟食道表面都覆盖着柔软的黏膜。正常情况下，口腔和食道的温度多在 36.5℃—37.2℃ 之间，能耐受的高温在 50℃—60℃。当口腔感觉到很烫时，温度大多已在 65℃ 以上了。经

常吃烫食的朋友，口腔习惯了高温，在食物温度很高的情况下也不觉得烫，但实际损伤已经存在了。在接触到65℃以上的热食、热饮的时候，食管黏膜就会有轻度灼伤。

平常总是遇到有朋友问，一个工匠按部就班地在流水线上做出来的陶瓷茶杯和一个工匠手工自然制作的茶杯，二者的区别在哪里？直截了当地讲，前者是制作了茶杯，他的制作技巧只是一种生产手段，给了茶杯这个物件自身的使用意义；后者的制作技巧不仅仅是纯粹的生产手段亦是他自己体验世界的方式，他赋予了它生命。前面的茶杯是制作过程中工匠打磨、消耗了瓷土，后面的茶杯制作却是工匠使瓷土得以保留。当你看到后面这个工匠所做出的茶杯的时候，你没有感觉到那是一个市场上千篇一律的产品，而是发现这个茶杯其实是一个载体，釉料的鲜活、色彩的多姿、书法的飘逸、图纹的趣味，它的身上充满了众多可以跟你沟通的灵性。尤其是在制作过程中，若有出乎匠人本人意料的那种"来不可遏，去不可止"的灵感地倏现，这时候匠人多年来形成的艺术经验、艺术修养、艺术个性就会在茶杯上展露。此时，制作完毕的茶杯不仅仅成了一件实用的美器，而且有了独立的生命。在这个茶杯上，每个喜欢它的人都找到了自己喜欢的理由，且不尽相同。有的人说我就喜欢这个卷口，有的人说我喜欢那个圈足。有的人说我喜欢这首诗的字体跟绘图，它们与杯型太配了。还有的人说我就喜欢上面那抹似一池春水的绿釉，淡淡的莹莹的，好可爱！

历史上有一个脍炙人口的故事，叫知音之交。春秋战国时的琴家俞伯牙乘舟出行，张一片风帆，凌千层碧浪，赏不够的遥山叠翠，远水澄清。那天正是八月十五中秋之夜，汉阳江口突然风狂浪涌，大雨如注，舟楫不能前进，于是泊舟于山崖之下。一会儿，风恬浪静，雨止云开，玉兔

↑ 明 唐寅《琴事图》（局部）台北故宫博物院藏

悬空。俞伯牙在船舱中，独坐无聊，遂抚琴一操，以遣情怀。忽然弦断曲止，伯牙暗忖，必有人盗听吾琴。于是寻人，发现一避雨樵夫正在远处听琴。问，名钟子期。伯牙说："既听琴，必然识音，我抚一曲，汝闻而知之否？"俞伯牙将断弦重整，略思，其意在于高山，抚琴一弄。樵夫赞道："美哉洋洋乎，大人之意，在高山也！"伯牙不答。又凝神一会儿，将琴再抚，其意在于流水。樵夫又赞道："美哉汤汤乎，志在流水！"伯牙推琴而起，与子期施宾主之礼，连呼："失敬！失敬！"遂成挚友。琴这个物件，不过是一块木头与几根弦的结合体，正是俞伯牙的性灵借由旋律开启了这把古琴，袅袅琴音淌在高山流水的世界里，让识音的听者钟子期身处其中。茶器一理。一个爱茶的人，选器应该选那些可以与你对话，滋养心灵的东西。

一只好器带给人的不仅仅是适手，更多的是感官引发的来自内心的愉悦。你看这杯子上的画片，瓷壁上远处有山，山畔有水，水面有舟，舟外有人，人畅赏于水岸林下，飞鸟颉颃于寂寥天空。其画虽微，却裁天地于方寸之间。它源于中华民族传统的哲学思想及人对生活、对世界的理解。"登山则情满于山，观海则意溢于海"，物以貌求，心以理应，进而通过传统绘画技法在瓷器上展示出天人合一、乐山乐水的内心世界。宗白华先生在《美学散步》里讲过这样的话："用心灵的俯仰的眼睛来看空间万象，我们的诗和画中所表现的空间意识，不是像那代表希腊空间感觉的有轮廓的立体雕像，不是像那表现埃及空间感的墓中的直线甬道，也不是那代表近代欧洲精神的伦勃朗的油画中渺茫无际追寻无着的深空，而是'俯

←《山水图》品杯

↑ 兜兜在雪中瀹茗

仰自得'的节奏化的、音乐化了的中国人的宇宙感。《易经》上说'无往不复，天地际也'。"中国人看山水不是心往不返，极目无穷，而是"反身而诚，万物皆备于我"。佛教有语"一日三昧"，活好当下，不是苟且，是智慧。

水选好了，器选好了，下面我们就来聊聊如何瀹出一杯适口的香茶。

首先记住，一杯茶好不好喝，茶杯中茶汤的浓度至关重要，这是根本。所有的瀹茶方法、技巧都是为了实现这一目的而来。我们知道，茶叶当中含有咖啡碱，茶多酚，糖类，氨基酸，芳香物质，有机酸，无机盐……它们为我们带来了苦、涩、甜、鲜、咸、酸、辛、香、凉诸多感官滋味。品质好的茶，它的鲜、甜、香的成分大，能够把茶里边的苦、涩、咸等味道遮住，让我们喝起来口感舒服、知觉惬意，这就是好茶的五味调和。但是任何茶浸泡时间长了或者投茶量大了，它都会苦涩的，原因就是五味不调和了或者说茶汤浓度偏高了。

茶汤浓度该怎么来把握呢？原则就是掌握好出汤时间，根据自己的投茶量来确定出汤时间或者说看汤出汤。对于这句话要如何理解？举个例子。比方说现在沏西湖龙井茶，我用一百毫升的盖碗，放三克龙井茶，十秒出汤，这样我出的这个茶汤就很好喝。假如喝茶的人多，还是一百毫升的盖碗，我就用六克茶，此时我会把出汤时间掌握在五秒，看汤的颜色出汤。就是说无论是三克茶十秒出汤，还是六克茶五秒出汤，都要看茶汤的颜色，要做到这两种情况下出汤的颜色是一样的，那么茶汤的味道肯定是一致的。茶汤颜色相同说明此时茶汤内由茶叶自身浸出的物质在水中达到了一个平衡，这个平衡就促成了茶汤的五味调和。

同样的道理，假设有一个两百毫升的盖碗，我们用六克茶叶，那此刻的出汤时间就跟一百毫升盖碗下三克茶出汤的时间一致，看汤出汤，或者说不用理会时间是否是十秒这个概念，只看茶汤颜色，无论哪种情况下，当感觉茶汤口感是最好的时候，就记住那时候的汤色是什么样的，那么就在每次想要出汤的时候看盖碗里的汤色，只要汤水达到那个颜色，就立刻出汤。同样的茶，按我的方法去沏，肯定很香、很好喝。当然，前提是一定要把握好自己觉得口感最佳时候的那个汤色。还有一种情况，两个盖碗儿，容量是相同的，但是一个投茶多，一个投茶少。比方说一百毫升的盖碗儿，有的人投三克，有的人投八克，要达到相同的口感，那该怎么掌握？少的，泡得时间长一点；多的，泡得时间短一点，看茶汤的颜色出汤，就这么简单。知道了缘由，多练习，任谁都是可以沏出好喝的茶汤来的。沏茶"无他，惟手熟尔"！

茶本身是苦寒之物，大家在饮用上一定要以健康为前提。每天，一个健康人总的干茶用量最好在 5—12.5 克之间，不要超过 12.5 克。这点我在《懂点茶道》一书中做过详细论述，有兴趣的朋友可以去看看那本书。明代大茶家许次疏在其《茶疏》中就沏茶做过相当精辟的论述，他说："茶宜常饮，不宜多饮。常饮则心肺清凉，烦郁顿释。多饮则微伤脾肾，或泄或寒。盖脾土原润，肾又水乡，宜燥宜温，多或非利也。古人饮水饮汤，后人始易以茶，即饮汤之意。但令色香味备，意已独至，何必过多，反失清洌乎。且茶叶过多，亦损脾肾，与过饮同病。俗人知戒多饮，而不知慎多费，余故备论之。"

这里我也要回答一个被茶友经常问到的问题，"为什么很多人在 120 毫升容量的盖碗下建议的投茶量都是 7—8 克，而您在店内的推荐量是其一半呢？"一个茶青原料优质、制茶工艺合格的茶品，在恰当的茶汤浓度下可以正确反映出该茶类品种特点且适口，即为佳。能够品尝出这些滋味，说明您的味蕾敏感，说明您的身体健康。如果一定是在浓汤下才觉得有滋味儿，要反思一下了。"但令色香味备，意已独至，何必过多"，省钱、健康、又好喝，三全其美，何乐而不为呢？

桌前小坐，赏美器，品香茗，瀹超一流野生大白茶"淌泉音"消渴。如啜山泉般的清甜汤水伴着画中飞瀑，惬意汨汨而来，不亦快哉。

后 记

茶从最初的药食同用到人们的普遍茗饮，乃至成为世界三大无酒精饮料之首，自文献记载已经有三千多年的历史了，若自传说中尝百草的神农氏算起则更加久远。从原始采摘、自然晾晒的白茶发展到唐代的蒸青绿茶、炒青绿茶，再发展到明、清的烘青绿茶、黑茶、黄茶、红茶、乌龙茶，六大茶类及所属工艺相继产生。

很多事物的出现都有其偶然的必然性，而非人类拍拍脑瓜子就可想出。如神农尝百草得茶而解的实践。茶青采摘后，人之行走导致竹篮中叶片生香的发现。茶类炒青时透气不足为湿热影响而出现的闷黄工艺。粗老绿茶在长途运输的自然环境下发酵成了黑茶，我们所能做的是在观察到事物现象后，朝着有利于人类生产、生活的目的而将其加以改进完善。恰如瓷器的呈色历程，其在工艺实践下逐渐减少了胎体釉料中铁元素的影响而有了黑、青、白瓷，又以白瓷为基础幻化出了缤纷的彩瓷。

任何事物的产生、发展、成熟都有一个过程。茶器在人们的生产、生活实践中随着饮食器具、六

安化荒山茶园采摘情景

大茶类、饮茶风俗的发展变化不断地与所处时代需求相契合，自原始陶器始，发展出青铜器、瓷器、紫砂器、玻璃器、石器、竹器、漆器等一系列材质多样、形式缤纷的物件。沏茶方式亦从"浑而烹之"发展到唐煎、宋点、明清散茶瀹泡。陆羽倡导的煎茶道，第一次把粗放式的喝茶带向了艺术性的品饮。宋代的点茶进一步提高了对茶的审美，最终在皇家引领下走向奢华。唐、宋饮茶实际是连沫饽、茶渣、茶汤一起咽下，这个在今天看来稍有不雅。明代朱元璋的"废团改散"令散茶瀹泡法大行其道，"开千古饮茶之宗"，让茶饮回归了天然趣味。即使在今天，瀹泡法仍然是我们饮茶的主要形式，历史已经证明了这种品饮方法的科学与合理。

对于茶器，生活中经常遇到朋友问我，为什么这个紫砂壶上会有个黑点，为什么那个紫砂壶的某个位置微微鼓起了一个小颗粒。为什么这件瓷杯表面出现了一个不显眼的微小灰点……紫砂壶上的黑点是铁熔点，微微鼓起一个小颗粒，是突起的沙砾，它们恰恰反映出了矿料的纯粹。灰点是瓷土里的矿物质在高温状态下氧化而成，原矿的陶瓷制品难以100%避免，只有化学精提纯的瓷土烧制出来才可能做到，但也不是100%无灰点。火中取器，人工凭借的是科学与经验的操作，即在人力可及的情况下做好每一道工序，但人类无法把握烧造时大气压力、空气温度、空气

↑ 耕而陶制秋葵纹青花盖碗

↑ 耕而陶茶斋小景

湿度这些于大自然里时刻可能变化的指标。用工业社会快节奏下流水线上产出的冰冷、整齐划一的产品去跟手工做出的有思想、有温度的物件相比，评判标准本来就错了。季羡林先生在《不完满才是人生》中说过这样的话："每个人都争取一个完满的人生。然而，自古及今，海内海外，一个百分之百完满的人生是没有的。所以我说，不完满才是人生。" 人生没有"完满"这件事存在，只有懂得了人生的"不完满"，人生才能达到"完满"。茶器一理，手工艺世界里只有自然的美，没有无瑕的器，正如人生中没有圆满这件事情。爱它就要学会包容它。

手捧美器，无论"坐饮香茶爱此山"之关情，又或"寒夜客来茶当酒"之暖意，都是你我生命中的无限美好。唐人元稹说茶是"洗尽古今人不倦"，此话确然。愿大家所品之茶、所赏之器，不仅是美，更是文化、是人生、是境界。

耕而陶写于 2022 年春

图书在版编目（CIP）数据

懂点茶器 / 耕而陶著.--北京：九州出版社，
2022.7

ISBN 978-7-5225-1036-1

Ⅰ.①懂… Ⅱ.①耕… Ⅲ.①茶具－文化－中国
Ⅳ.①TS972.23

中国版本图书馆CIP数据核字（2022）第117313号

懂点茶器

作　　者	耕而陶 著
责任编辑	毛俊宁
出版发行	九州出版社
地　　址	北京市西城区阜外大街甲35号（100037）
发行电话	（010）68992190/3/5/6
网　　址	www.jiuzhoupress.com
印　　刷	天津市豪迈印务有限公司
开　　本	870毫米×1280毫米　16开
印　　张	20.5
字　　数	350千字
版　　次	2022年7月第1版
印　　次	2022年7月第1次印刷
书　　号	ISBN 978-7-5225-1036-1
定　　价	68.00元